AF824127

**Früher erschien:**

# Berichte

des

# Verbandes der Laboratoriums-Vorstände

an deutschen Hochschulen.

**Erstes Heft** (18. September 1898).

gr. 8. Geh. 60 ₰.

---

# Berichte

des

# Verbandes der Laboratoriums-Vorstände

an deutschen Hochschulen.

**Zweites Heft** (17. September 1899).

gr. 8. Geh. 1 ℳ.

---

# Berichte

des

# Verbandes der Laboratoriums-Vorstände

an deutschen Hochschulen.

**Drittes Heft** (16. September 1900).

gr. 8. Geh. 2 ℳ.

# Berichte

des

# Verbandes der Laboratoriums-Vorstände

## an deutschen Hochschulen.

### Viertes Heft.

(21. September 1902.)

**Leipzig**
Verlag von Veit & Comp.
1902

# INHALT.

## A 1.

# PROTOKOLL

der Jahresversammlung des Verbandes der Laboratoriums-Vorstände deutscher Hochschulen

am 16. September 1900

**im Restaurant Elisenbrunnen zu Aachen.**

---

Vorsitzender A. v. Baeyer.

Anwesend sind die Mitglieder: v. Baeyer, Bredt, Claisen, Lossen, Möhlau.

1) Der erste Vorsitzende, Herr A. v. Baeyer, begrüsst die Versammlung.

2) Das Protokoll der vorigen Versammlung in München wird verlesen und genehmigt.

3) Einlauf: Ministerialerlass U. I. No. 2367 vom 7. Dez. 1899, betreffend: Anrechnung der an nicht preussischen, innerhalb des Reichsgebietes belegenen Technischen und Landwirtschaftlichen Hochschulen verbrachten Studienzeit auf das behufs Zulassung zu der Doktorpromotion nachzuweisende akademische Triennium.

4) Die ausscheidenden Vorstandsmitglieder werden durch Zuruf wiedergewählt.

5) Der Vorsitzende erstattet den Kassenbericht und erhält Entlastung. Es wird beschlossen, einen einmaligen Extrabeitrag von ℳ 10.— zur Deckung des nachstehend verzeichneten Defizits zu erheben.

---

## Der Jahresabschluss der Kasse des Verbandes

**für das Geschäftsjahr 1900.**

Die Einnahmen für 1900 betrugen:

| | | |
|---|---|---|
| Baarbestand vom vorjährigen Kassenabschluss . . . . . . . | ℳ | 263.42 |
| Jahresbeiträge von 62 Mitgliedern für 1900 . . . . . . . . | » | 620.— |
| Summa | ℳ | 883.42 |

Die Ausgaben für 1900 betrugen:

| | | |
|---|---|---|
| Für den Druck von Heft 2 der Berichte, Zeugnissen, Formularen, Verbandslisten, Cirkularen und Porto . . . . | ℳ | 1159.05 |
| Es verbleibt demnach ein zu deckender Fehlbetrag von . . . | ℳ | 275.63 |

Aus der Zahl der Mitglieder, die 1899 62 Mitglieder betrug, sind ausgeschieden durch den Tod 2 Mitglieder: Tiemann und Claus. Neu eingetreten sind 2 Mitglieder: Muthmann und Gattermann.

Berlin, den 21. August 1900.

C. Liebermann, Kassenwart.

Ein Vertrag des Vorstandes des Verbandes mit der Verlagsbuchhandlung Veit & Co. in Leipzig vom 1. und 9. Juni 1900, welcher dazu bestimmt ist, die Kosten der Drucklegung der »Berichte« für den Verband wesentlich zu vermindern und ev. ganz zu ersparen, wird genehmigt.

6) Prof. H. Ost, Hannover, hat laut Schreiben vom 30./6. 1900 seinen Austritt aus dem Verbande erklärt.

Neu eingetreten sind: die Professoren Gattermann, Freiburg, Muthmann, München, Volhard, Halle a. S.

7) Es wird beschlossen, dass der Vorstand die Eintheilung und den Abschluss der Semesterberichte so anordnet, wie er solche für geeignet hält.

8) Der Antrag Ostwald vom 11. Sept. 1900 betreffs Ergänzung des § 3 der Ausführungsbestimmungen soll auf die Tagesordnung der nächsten Jahresversammlung gesetzt werden.

9) Schliesslich wird der Antrag v. Baeyer angenommen, nach welchem in jedem Jahresbericht des Verbandes die allgemeinen Vorschriften für die Verbandsprüfung abgedruckt werden sollen.

**Der Vorsitzende.**
**A. v. Baeyer.**

**Der Schriftführer.**
**i. V.: J. Bredt.**

## A 2.

# PROTOKOLL

der Jahresversammlung des Verbandes der Laboratoriums-Vorstände deutscher Hochschulen

am 22. September 1901

**im chemischen Staatslaboratorium zu Hamburg.**

Vorsitzender: A. v. Baeyer.

Anwesend: v. Baeyer, Liebermann, Bredt, Hantzsch, Tollens, Ostwald.

1) Der Vorsitzende begrüsst die Erschienenen und eröffnet die Versammlung.

2) Das Protokoll der vorigen Versammlung wird verlesen und genehmigt.

3) Curtius, E. Fischer und E. v. Meyer entschuldigen brieflich ihr Fernbleiben.

4) Liebermann regt die Verlegung der Verbandssitzungen auf einen gelegeneren Zeitpunkt und zwar statt des Begrüssungstages der Naturforscherversammlung auf einen der drei ersten Tage derselben an. Bei der Diskussion stellen sich erhebliche Schwierigkeiten heraus. Der Vorstand wird die Frage im Auge behalten und eine bessere Lösung versuchen.

5) van t'Hoff hat am 7. Nov. 1900 seinen Austritt angezeigt, da er kein eigentliches Unterrichtslaboratorium führt. Limprecht und Rüdorff treten wegen Inaktivirung aus.

6) Prof. König, Münster, regt die Aufnahme des Prof. Kassner ebenda in den Verband an. Der Vorsitzende legt eine ausgedehnte Korrespondenz darüber vor; nach längerer Erörterung wird einstimmig beschlossen, die Aufnahme des Prof. Kassner abzulehnen.

7) Prof. Stutzer, Königsberg, beantragt seine Aufnahme; Prof. Lossen soll durch den Vorsitzenden um Aufklärung über die vorhandenen Verhältnisse befragt werden.

8) Prof. v. Buchka, Berlin und Prof. König, Münster, beantragen, für den Fall von der Verbandsprüfung abzusehen, dass ein Kandidat der Nahrungsmittelchemie die staatliche Vorprüfung bestanden hat oder zu bestehen beabsichtigt. Es wird einstimmig beschlossen, den Antrag abzulehnen, da beide Prüfungen miteinander nichts zu thun haben.

9) Claisen meldet für den Sommer 1901 seine Vertretung durch Rügheimer an. Es wird allgemein beschlossen, dass in jedem Falle der amtlichen Vertretung eines Verbandsmitgliedes der Vertreter ihn auch im Verbande vertritt.

10) Curtius wünscht, dass vor der Verbandsprüfung die präparativen Arbeiten erledigt sein müssen. Es soll ihm mitgeteilt werden, dass eine allgemeine derartige Bestimmung nicht getroffen werden kann, um den Mitgliedern die Freiheit ihres Unterrichts nicht zu beschränken, dass aber jedes Mitglied natürlich berechtigt ist, seinen Schülern nach Bedarf besondere Forderungen aufzuerlegen.

11) E. v. Meyer wünscht, dass im Falle die Diplomprüfung an Stelle der Verbandsprüfung ausgeführt worden ist, dies auch in den Listen gekennzeichnet wird. Die anwesenden Vertreter technischer Hochschulen unterstützen den Vorschlag nicht, da bezüglich der Diplomprüfung noch ein Provisorium besteht, und es soll bis zur Regelung desselben das bisherige Verfahren beibehalten werden.

12) Herr Apotheker Brüel bittet um Aufstellung eines Titels für die Besitzer von Verbandszeugnissen. Abgelehnt.

13) Dr. Erlenmeyer, Strassburg, wünscht Aufnahme in den Verband. Der Antrag wird abgelehnt, da das von ihm geleitete Laboratorium, soweit bekannt, ein privates ist.

14) Die Verlagsbuchhandlung Veit & Comp. beantragt, gegen Ueberlassung der Hefte 1 und 2 bis auf 100 Exemplare das Defizit des Heftes 3 allein zu tragen. Angenommen.

15) Auwers ist auf seinen Antrag vom Vorstand in den Verband aufgenommen worden. Die Aufnahme wird genehmigt.

16) Liebermann erstattet den Kassenbericht (siehe umstehend). Die Lage des Verbandes ist günstig. Der Jahresbeitrag von ℳ 10.— soll wie gewöhnlich erhoben werden. Der Kassaführer wird entlastet.

17) Der Schriftführer berichtet, dass gemäss Vorstandsbeschlusses in Aachen das bevorstehende Heft 4 drei Semester umfassen und der nächsten Jahresversammlung vorgelegt werden wird. Durch den Abschluss der

Listen mit dem jeweiligen Wintersemester soll die nöthige Zeit für die Herstellung des Heftes zur nächsten Jahresversammlung gewonnen werden.

18) An Stelle des Prof. Bredig wird Dr. W. Böttger unter gleichen Bedingungen zum Sekretär gewählt.

---

## Kassabericht.

| | | |
|---|---|---|
| Einnahmen an Mitgliederbeiträgen . . . . . . . . . . . | | ℳ 1210.05 |
| Früherer Fehlbetrag . . . . . . . . . . . . | ℳ 275.63 | |
| Laufende Ausgaben . . . . . . . . . . . . . | » 267.88 | |
| Summa | ℳ 543.51 | » 543.51 |
| Bestand | | ℳ 666.54 |

Ausgetreten sind: van t'Hoff, Limpricht, Rüdorff. Zugetreten ist: Auwers, Greifswald.

C. Liebermann.

---

Schluss der Sitzung 1 Uhr 10 Min.

A. v. Baeyer,
Vorsitzender.

W. Ostwald,
Schriftführer.

B.

# Ausführungsbestimmungen

## für die Verbandsprüfung,

### angenommen in der Verbandsversammlung vom 12. März 1898.

§ 1.

Das Verbandsexamen besteht aus einer praktischen Prüfung in qualitativer, quantitativer und Massanalyse und ferner in einer mündlichen Prüfung in analytischer und unorganischer Chemie, sowie in den Elementen der organischen Chemie.

§ 2.

Der Zweck dieser Prüfung ist ein dreifacher. Für die Studirenden soll dieselbe ein Abschluss für die Vorbereitungsstudien sein. Den Laboratoriumsvorständen soll dadurch ein Mittel an die Hand gegeben werden, um einerseits zu controlliren, ob die in ihrem Laboratorium arbeitenden Studirenden nach allen Seiten hin in der elementaren Chemie hinreichend ausgebildet sind, und andrerseits die fremden Studirenden, welche von andern Hochschulen oder von Privatlaboratorien kommen, auf ihre Kenntnisse zu prüfen und eventuell zu einer Repetition zu veranlassen. Drittens soll die Prüfung den Industriellen oder andern Personen, welche Chemiker anstellen, eine Garantie dafür geben, dass der Bewerber die nothwendigen elementaren Kenntnisse besitzt. Die bisherigen Einrichtungen haben erfahrungsmässig hierfür nicht ausgereicht.

§ 3.

Da durch die Verbandsprüfung eine gleichmässige Ausbildung der Studirenden in den Elementen erzielt werden soll, so ist selbstverständlich, dass die Anforderungen an allen Hochschulen in sachlicher Beziehung einheitlich sein müssen. Dagegen kann die Form, in der sich der Lehrer von dem Vorhandensein der geforderten Kenntnisse überzeugt, eine verschiedene sein. So kann z. B. an technischen Hochschulen ein Verbandszeugniss auf Grund einer Diplomprüfung oder einer Schlussprüfung ausgestellt werden, wenn in letzteren mindestens eben so viel verlangt wird, als in ersterer. Auch an Universitäten soll kein besonderer Modus für das Examen vorgeschrieben werden. Es bleibt dem Examinator überlassen, wie er sich von dem Vorhandensein der Kenntnisse überzeugen will, er haftet aber durch seine Namensunterschrift dafür, dass der Candidat zur Zeit der Prüfung die vom Verbande geforderten Kenntnisse besessen hat. Verbandszeugnisse auf Grund der Versicherung eines Studirenden, dass er die geforderten Kenntnisse besitze, oder auf das Zeugniss eines andern Lehrers hin auszustellen, ist daher unzulässig. Was die Ausführung der praktischen Prüfung betrifft, so kann die Ueberwachung derselben von dem Vorstande einem Abtheilungsvorstand oder Assistenten übertragen werden, der Vorstand übernimmt aber persönlich die Verantwortung und bescheinigt das Bestehen der Prüfung durch seine Namensunterschrift. In Laboratorien, wo ein Laboratoriumsjournal eingeführt ist, kann das Bestehen der praktischen Prüfung auch auf Grnnd dieses Journals bezeugt werden.

§ 4.

Die praktische Prüfung und die mündliche Prüfung in der analytischen und in der unorganischen Chemie muss an ein und derselben Hochschule innerhalb 6 Monaten abgelegt werden. So kann z. B. die praktische Prüfung am Ende des Sommersemesters, die mündliche zu Anfang des Wintersemesters stattfinden. Stets muss aber die praktische Prüfung der mündlichen vorangehen. Verbandszeugnisse über die praktische Prüfung allein haben daher an einer andern Hochschule keine Gültigkeit.

Die mündliche Prüfung in organischer Chemie kann auch an einer andern Hochschule und zu einer beliebigen Zeit abgehalten werden.

§ 5.

Als erstrebenswerthes Ziel wird hingestellt, dass der Examinator nur solche Studirende examinirt, die in seinem Laboratorium gearbeitet haben. Den thatsächlichen Verhältnissen entsprechend, ist es indessen auch gestattet, fremde Studirende zu prüfen, namentlich auch solche, welche auf ausländischen Anstalten studirt haben. Beanspruchen können die Zulassung indessen nur diejenigen, welche mindestens ein Semester in dem betreffenden Laboratorium gearbeitet und sich nach Ansicht des Vorstandes die nöthigen Kenntnisse erworben haben. Der Eintritt in den Verband verpflichtet den Laboratoriumsvorstand, solche Studirende zu prüfen, während die Prüfung von anderen seinem freien Ermessen anheimgestellt wird. Die Prüfung erfolgt auf Antrag des Studirenden oder auf Wunsch des Vorstandes. Besteht der Studirende die Prüfung nicht, so wird auch kein Zeugniss ausgestellt. Vorschriften über die Wiederholung der Prüfung werden nicht gegeben.

Die Verbandsmitglieder sind verpflichtet, nur solchen Studirenden, welche die Verbandsprüfung bestanden haben, ein Thema für eine Doctor- oder Diplomarbeit zu geben.

§ 6.

## Umfang der Verbandsprüfung.

### Die praktische Prüfung.

Die praktische Prüfung zerfällt in drei Theile:

a) Ausführung einer qualitativen Analyse.

In dieser Prüfung wird gefordert, dass der Candidat in einem eigens zu diesem Zweck dargestellten Gemisch alle Bestandtheile nachweist. Das Gemisch soll eine grössere Anzahl von Stoffen enthalten, aber nur solche, welche in dem allgemein üblichen Gang der Analyse vorkommen.

b) Quantitative Analyse.

In der quantitativen Analyse wird das Hauptgewicht auf die Genauigkeit der Bestimmung gelegt. Dem Candidaten ist die qualitative Zusammensetzung der Mischung mitzutheilen, er hat darin zwei bis drei Stoffe, deren Trennung und Bestimmung in dem üblichen analytischen Gang vorkommen, quantitativ zu bestimmen.*)

c) Massanalytische Aufgabe.

Bei diesem Theile der Prüfung muss der Candidat alle zur Verwendung kommenden Normallösungen selbst darstellen.

---

*) Da die Ansichten über das, was in der quantitativen Analyse gefordert werden muss, ziemlich weit auseinander gehen, sind im Folgenden einige Beispiele von Aufgaben aufgeführt:

1. Gemisch von Chlorkalium und Jodkalium.
   In einer Portion ist Jod und Chlor zu bestimmen, in einer zweiten Alkali als Sulfat.
2. Kupfersulfat und Mohr'sches Salz.
   In einer Portion Kupfer und Eisen.
3. Kupfersulfat und Zinksulfat.
   In einer Portion Kupfer und Zink, in einer zweiten Schwefelsäure.
4. Magnesiumsulfat und Kaliumsulfat, nicht das Doppelsalz.
   In einer Portion Magnesium und Kalium, in einer zweiten Schwefelsäure.
5. Quecksilberchlorid und Wismuthnitrat.
6. Chromalaun und Thonerdealaun.
7. Kaliumpermanganat und Kupfersulfat.
8. Chlorkalium, Chlornatrium, Chlorammonium.
   In einer Portion Kalium und Natrium, in einer zweiten Chlor.
9. Schwefelkadmium und Zinnober, mit Schwefel gemengt.
   Schwefel durch Schmelzen zu oxydiren und als Baryumsulfat zu bestimmen.
10. Reiner Orthoklas und Quarzpulver.
    Kieselsäure- und Thonerdebestimmung.

## Die mündliche Prüfung.

Die mündliche Prüfung zerfällt in drei Abschnitte:

### a) Analytische Chemie.

In der qualitativen Analyse soll der Candidat den Nachweis der in dem üblichen Gang vorkommenden Stoffe kennen. In der quantitativen Analyse wird die Kenntniss der Trennungs- und Bestimmungsmethoden der wichtigeren Elemente und ihrer Verbindungen verlangt.

### b) Unorganische Chemie.

In diesem Fache wird die Kenntniss der Disziplin in dem Umfange gefordert, wie sie in der Regel in den Vorlesungen über unorganische Experimentalchemie vorgetragen wird.

### c) Organische Chemie.

Kenntniss der Grundzüge der organischen Chemie.

v. Baeyer, Vorsitzender.
Ostwald, Schriftführer.

## C.

# Mitgliederverzeichniss vom 21. September 1902.

### Vorstand:

Erster Vorsitzender: A. v. Baeyer, München.
Zweiter Vorsitzender: H. Bunte, Karlsruhe i. B.
Erster Beisitzer: E. Fischer, Berlin.
Zweiter Beisitzer: E. v. Meyer, Dresden.
Schriftführer u. Leiter d. Berichtes: W. Ostwald, Leipzig.
Schatzmeister: C. Liebermann, Berlin-Charlottenburg.

### Mitglieder des Verbandes:

Prof. F. B. **Ahrens**, Breslau, Landwirtschaftl.-Technolog. Institut der Univ., Mathiasplatz 5.
» R. **Anschütz**, Bonn, Chem. Univers.-Laborat.
» K. **Auwers**, Greifswald, Chem. Univers.-Laborat.
» A. v. **Baeyer**, München, Arcisstr. 1. Chem. Laborat. d. Akadem. d. Wissenschaften.
» E. **Beckmann**, Leipzig, Brüderstr. 34, Univers.-Laborat. für angew. Chemie.
» H. **Beckurts**, Braunschweig, Technische Hochschule.
» R. **Behrend**, Hannover, Technische Hochschule.
» J. **Bredt**, Aachen, Technische Hochschule.
» E. **Buchner**, Berlin N., Chem. Laborat. d. Landwirtschaftl. Hochschule.
» H. **Bunte**, Karlsruhe, Technische Hochschule.
» L. **Claisen**, Kiel, Chem. Univers.-Laborat.
» A. **Classen**, Aachen, Technische Hochschule.
» Th. **Curtius**, Heidelberg, Chem. Univers.-Laborat.
» O. **Dieffenbach**, Darmstadt, Technische Hochschule.
» K. **Elbs**, Giessen, Physik.-chem. Univers.-Laborat.
» C. **Engler**, Karlsruhe, Technische Hochschule.
» H. **Erdmann**, Charlottenburg, Technische Hochschule.
» E. **Fischer**, Berlin N., I. Chem. Univers.-Laborat.
» O. **Fischer**, Erlangen, Chem. Univers.-Laborat.
» L. **Gattermann**, Freiburg i. B., Chem. Univers.-Laborat.
» A. **Hantzsch**. Würzburg, Chem. Univers.-Laborat.
» C. **Häussermann**, Stuttgart, Technische Hochschule.
» C. **Hell**, Stuttgart, Technische Hochschule.
» W. **Hempel**, Dresden, Technische Hochschule.
» A. **Hilger**, München, Chem. Univers.-Laborat. für angewandte Chemie, Leopoldstr. 42.

Prof. C. G. **Hüfner**, Tübingen, Physiolog.-chem. Univers.-Laborat.

» H. **Kiliani**, Freiburg i. B., Chem. Univers.-Laborat.
» H. **Klinger**, Königsberg i. Pr., Pharmaceut.-chem. Univers.-Laborat.
» L. **Knorr**, Jena, Chem. Univers.-Laborat.
» G. v. **Knorre**, Charlottenburg, Technische Hochschule.
» Fr. **Krafft**, Heidelberg, Wilhelmstr. 2.

» A. **Ladenburg**, Breslau, Chem. Univers.-Laborat.
» H. **Landolt**, Berlin NW., II. Chem. Univers.-Laborat., Bunsenstr. 1.
» C. **Liebermann**, Charlottenburg, Technische Hochschule.
» W. **Lossen**, Königsberg i. Pr., Chem. Univers.-Laborat.

» L. **Medicus**, Würzburg, Technologisches Institut der Univers.
» E. v. **Meyer**, Dresden, Technische Hochschule.
» R. **Meyer**, Braunschweig, Technische Hochschule. Laborat. f. analyt. u. techn. Chemie.
» A. **Michaelis**, Rostock i. Meckl., Chem. Univers.-Laborat.
» R. **Möhlau**, Dresden, Technische Hochschule.
» W. **Muthmann**, München, Technische Hochschule. Analyt. Laborat.

» A. **Naumann**, Giessen, Chem. Univers.-Laborat.
» W. **Nernst**, Göttingen, Institut für Elektrochemie und physikalische Chemie a. d. Univers.

» W. **Ostwald**, Leipzig, Physik.-chem. Institut der Univers.

» C. **Paal**, Erlangen, Pharmaceut.-chem. Institut der Univers.

» H. **Salkowski**, Münster i. W., Chem. Laborat. der Akademie.
» E. **Schmidt**, Marburg i. H., Pharmaceut.-chem. Univers.-Laborat.
» G. **Schultz**, München, Technische Hochschule.
» H. **Schwanert**, Greifswald, Chem. Univers.-Laborat.
» K. **Seubert**, Hannover, Technische Hochschule.
» M. **Siegfried**, Leipzig, Physiolog. Institut d. Univ.
» W. **Städel**, Darmstadt, Technische Hochschule.
» A. **Stutzer**, Königsberg, Agriculturchem. Institut.

» J. **Thiele**, Strassburg, Chem. Universitäts-Laborat.
» B. **Tollens**, Agriculturchem. Laborat. der Univers. Göttingen.

» J. **Volhard**, Halle a. S., Chem. Univers.-Laborat.

» O. **Wallach**, Göttingen, Chem. Univers.-Laborat.
» H. **Wichelhaus**, Berlin NW., Technolog. Institut d. Univers., Bunsenstrasse 1.
» J. **Wislicenus**, Leipzig, I. Chem. Univers.-Laborat.
» W. **Wislicenus**, Tübingen, Chem. Univers.-Laborat.
» O. N. **Witt**, Berlin NW. 23, Siegmundshof 21. Technische Hochschule.

» Th. **Zincke**, Marburg i. H., Chem. Univers.-Laborat.

Auf Grund der Braunschweiger Statuten sind bis zum 25. April 1902 folgende Register der abgelegten Prüfungen an den Schriftführer des Verbandes eingesandt worden:

(* bedeutet: Angabe fehlt.)

## D.

# Register der im Winter 1900/01, Sommer 1901 und Winter 1901/02 ausgestellten Verbandszeugnisse.

### Chemische Laboratorien der Technischen Hochschule Aachen.

| Auf-gedruckte No. der Zeugniss-karte | Vorname | Zuname | Geburtsort | Vorbildung | Examinatoren | Datum der Ausfertigung |
|---|---|---|---|---|---|---|
| S.-S. 2501 | Alfred | Pinagel | Aachen | Obersecunda Realschule | Classen Bredt | 19. April 1901 |
| 2502 | Engelbert | Bergs | Mausbach b. Stolberg | Abiturient Hum. Gymn. | Classen Bredt | 26. April 1901 |
| 2504 | Julius | Weise | Aachen | Absolvent Ober-Real-schule | Classen Bredt | 29. April 1901 |
| 2505 | Lambert | Schmitz | Aachen | Lehrer-seminar | Classen Bredt | 3. Mai 1901 |
| 2507 | Hilel | Schlossberg | Bobruiske (Russland) | Absolvent Handels- u. Realschule Russl. | Classen Bredt | 12. Juli 1901 |
| 2508 | Berthold | Koch | Weira (S.-Weimar) | Abiturient Real-Gymn. | Classen Bredt | 19. Juli 1901 |
| 2509 | Franz | Wilmer | Batavia | Einj.-Examen Ober-Real-schule | Classen Bredt | 19. Juli 1901 |
| 2510 | Matthias | Rohles | Trier | Unter-Prima Hum. Gymn. | Classen Bredt | 19. Juli 1901 |
| W.-S. 2511 | Wilhelm | Beekers | Aachen | Untersecunda Real-Gymn. Phramac. Staatsexam. | Classen | 6. Febr. 1902 |

# I. Chemisches Institut der Universität Berlin.

| Aufgedruckte No. der Zeugniss-karte | Vorname | Zuname | Geburtsort | Vorbildung | Examinatoren | Datum der Ausfertigung |
|---|---|---|---|---|---|---|
| W.-S. 00 01 | | | | | | |
| 2411 | Heinrich | Tietz | Kapstadt | NormalSchool & College | E. Fischer<br>S. Gabriel<br>C. Harries | 7. Nov. 1900 |
| 2412 | Max | Slimmer | Austin. Minn. (U. S. A) | High School, University of Chicago | | 7. Nov. 1900 |
| 2413 | Walter | Stöhrer | Leipzig | Realgymn. | S. Gabriel<br>O. Ruff<br>R. Pschorr | 14. Dez. 1900 |
| 2414 | Max | Silberbach | Miswalde (Ostpreuss.) | Realgymn. | | 14. Dez. 1900 |
| 2415 | Kurt | Schaefer | Berlin | Realgymn. | | 14. Dez. 1900 |
| 2416 | Ernst | Büttner | Marienburg (Westpr.) | Realgymn. | | 14. Dez. 1900 |
| 1733 | Paul | Brom-berger | Kublischken | Realgymn. | R. Pschorr | 14. Dez. 1900 |
| 2002 | Alexander | Titoff | Rostow | Gymnasium | | 14. Dez. 1900 |
| 2410 | Willy | Lewin | Berlin | Gymnasium | | 14. Dez. 1900 |
| 2417 | Erich | Kuhtz | Brandenburg a. H. | Gymnasium | E. Fischer<br>C. Harries<br>O. Ruff | 15. Jan. 1901 |
| 1915 | Wilhelm | Antoni | Oldenburg | Gymnasium | C. Harries | 5. März 1901 |
| 2418 | Fritz | Brügge-mann | Krefeld | Realgymn. | S. Gabriel<br>C. Harries<br>O. Ruff | 5 März 1901 |
| 2419 | Friedrich | Göhl | Übigan | Gymnasium | | 5. März 1901 |
| 2420 | Hans | Müller | Berlin | Realgymn. | | 5. März 1901 |
| S.-S. | | | | | | |
| 2421 | Leibe | Sack | Griwa | Realschule | | 7. Mai 1901 |
| 2422 | Walther | Doht | Berlin | Realgymn. | | 7. Mai 1901 |
| 1145 | Oscar | Guttmann | Tabor | Gymnasium | R. Pschorr<br>Curtius | 8. Mai 1901 |
| 2423 | Hans | Vogtherr | Kindelbrück | Realgymn. | E. Fischer<br>R. Pschorr<br>A.Rosenheim | 8. Mai 1901 |
| 2424 | Willy | Kraft | Berlin | Realgymn. | | 8 Mai 1901 |
| 2425 | Oscar | Fernekes | Milwaukee | Gymnasium | | 8. Mai 1901 |
| 2426 | Leo | Weber | Ladenburg | Gymnasium | S. Gabriel<br>C. Harries<br>O. Ruff | 21. Mai 1901 |
| 2427 | Richard | Kempf | Berlin | Gymnasium | | 21. Mai 1901 |
| 2428 | Bruno | Fels | Berlin | Realgymn | | 21. Mai 1901 |
| 2429 | Max | Braumann | München | Realgymn. | | 22. Mai 1901 |
| 2430 | Otto | Ahlert | Schwerin i. M. | Realgymn. | | 22. Mai 1901 |
| 2431 | Julius | Bauer | Czarnowitz | Gymnasium | | 22. Mai 1901 |
| 2432 | Isser | Davidsohn | Tschaschnicki | Realschule | S. Gabriel<br>O. Ruff<br>A.Rosenheim | 16. Juli 1901 |
| 2433 | Willibald | Everding | Steglitz | Gymnasium | | 16. Juli 1901 |
| 2434 | Hans | Aron | Berlin | Gymnasium | | 16. Juli 1901 |
| 2435 | Franz | Wrede | Berlin | Gymnasium | | 16. Juli 1901 |
| 2436 | Paul | Schlüch-terer | Stuttgart | Gymnasium | C. Harries<br>O. Ruff | 17. Juli 1901 |
| 2437 | Robert | Peter | Berlin | Ober-realschule | C. Harries<br>R. Pschorr<br>O. Ruff | 17. Juli 1901 |
| 1673 | Max | Liebermann | Hamburg | Realgymn. | C. Harries | 30. Juli 1901 |

## I. Chemisches Institut der Universität Berlin. Fortsetzung.

| Aufgedruckte No. der Zeugnisskarte | Vorname | Zuname | Geburtsort | Vorbildung | Examinatoren | Datum der Ausfertigung |
|---|---|---|---|---|---|---|
| W.-S. 01/02 | | | | | | |
| 2441 | Johann | Anger-hausen | Uerdingen | Ober-realschule | S. Gabriel<br>C. Harries<br>A.Rosenheim | 13. Nov. 1901 |
| 2442 | Herrmann | Kusel | Thorn | Realgymn. | | 13. Nov. 1901 |
| 2443 | Herrmann | Stremme | Krefeld | Realgymn. | | 13. Nov. 1901 |
| 2444 | Werner | Knopp | Berlin | Gymnasium | | 13. Nov. 1901 |
| 2445 | Hans | Wolff | Berlin | Gymnasium | | 13. Nov. 1901 |
| 2446 | Alfred | Röhmer | Nauen | Realgymn. | E. Fischer<br>S. Gabriel<br>O. Ruff<br>R. Pschorr | 14. Nov. 1901 |
| 2447 | Emil | Schäfer | Darmstadt | Gymnasium | | 14. Nov. 1901 |
| 2448 | Petre | Dr. Beche-rescu | Bailesti | Medizinisches Staats-Examen in Rumänien | | 14. Nov. 1901 |
| 2449 | Arthur | Zart | Strasrewy (Kr. Löbau) | Realgymn. | S. Gabriel<br>R. Pschorr<br>A.Rosenheim | 14. Jan. 1902 |
| 2450 | Fritz | Goldenberg | Dahlerau | Realgymn. | | 14. Jan. 1902 |
| 3101 | Emil | Schill | Stuttgart | Gymnasium | | 14. Jan. 1902 |
| 3102 | Wilhelm | Plato | Kolberg | Gymnasium | E. Fischer<br>S. Gabriel<br>O. Ruff<br>C. Harries | 15. Jan. 1902 |
| 3103 | Hugo | Krause | Frankfurt a. M. | Ober-realschule | | 15. Jan. 1902 |
| 3104 | Theodor | Warunis | Sparta | Gymnasium | | 15. Jan. 1902 |
| 3105 | Rudolf | Fischer | Steglitz b. Berlin | Gymnasium | | 15. Jan. 1902 |
| 2439 | Fritz | Loeffke | Berlin | Gymnasium Obersecunda | S. Gabriel<br>O. Ruff<br>A. Rosenheim<br>R. Pschorr | 5. März 1902 |
| 2440 | Wulf | Hirschowitz | Riga | Gymnasium | S. Gabriel<br>O. Ruff<br>A. Rosenheim<br>O. Diels | 5. März 1902 |
| 3107 | Wilhelm | Neimann | Neidenburg (Ostpreuss.) | Gymnasium | S. Gabriel<br>O. Ruff<br>R. Pschorr | 5. März 1902 |
| 3110 | B. | Niklewski | Inowrazlaw | Gymnasium | | 5. März 1902 |

## II. Chemisches Institut der Universität Berlin.

| | | | | | | |
|---|---|---|---|---|---|---|
| W.-S. 00/01 | | | | | | |
| 1921 | Bruno | Kalischer | Berlin | Hum. Gymn. | Landolt | 17. Okt. 1900 |
| 1922 | Ernst | Berliner | Berlin | Hum. Gymn. | Jahn | 19. Jan. 1901 |
| 1923 | Karl | Hartmann | Barneberg (Pr.Sachsen) | Real-Gymn. | Landolt<br>Hinrichsen | 9. Febr. 1901 |
| 1924 | Franz | Müller | Falkenburg i. Pommern | Hum. Gymn. | Landolt<br>Hinrichsen | 14. Febr. 1901 |
| 1925 | Arthur | Traube | Berlin | Real-Gymn. | Landolt<br>Hinrichsen | 21. Febr. 1901 |

## II. Chemisches Institut der Universität Berlin. Fortsetzung.

| Aufgedruckte No. der Zeugnisskarte | Vorname | Zuname | Geburtsort | Vorbildung | Examinatoren | Datum der Ausfertigung |
|---|---|---|---|---|---|---|
| W.-S. 00/01 | | | | | | |
| 1926 | Kurt | Rudzick | Lyck (Ostpreussen) | Hum. Gymn. | Landolt Hinrichsen | 27. Febr. 1901 |
| 1927 | Georg | Staegemann | Nakel (Posen) | Real-Gymn. | Landolt Hinrichsen | 28. Febr. 1901 |
| 1928 | Eugen | Goldschmidt | Berlin | Hum. Gymn. | Hinrichsen | 2. März 1901 |
| S.-S. 01 | | | | | | |
| 1929 | Leo | Ubbelohde | Celle | Hum. Gymn. | Jahn | 26. April 1901 |
| 1930 | Emil | Behrendt | Potsdam | Real-Gymn. | Lange Jahn | 2. Mai 1901 |
| 1931 | Naum | Bruck | Tschernigau (Russland) | Hum. Gymn. | Lange Jahn | 3. Mai 1901 |
| 1932 | Carl | Dost | Berlin | Ober-Realschule | Jahn | 4. Juli 1901 |
| 1933 | Ina | Milroy | Detroit (Michigan) | Mich. State Normal-School. | Landolt Hinrichsen | 10. Juli 1901 |
| 1934 | Hans | Sachs | Breslau | Hum. Gymn. | Landolt | 13. Juli 1901 |
| 1935 | Reinhold | Gaedicke | Berlin | Real-Gymn. | Lange Hinrichsen | 25. Juli 1901 |
| 1936 | Bruno | v. Lenski | Czymochen (Ostpreuss.) | Hum. Gymn. | Hinrichsen | 26. Juli 1901 |
| 1937 | Alfred | Milch | Charlottenburg | Hum. Gymn. | Jahn | 23. Juli 1901 |
| 1938 | Bernhard | Schapire | Czernowitz | Hum. Gymn. | Lange | 27. Juli 1901 |
| W.-S. 01/02 | | | | | | |
| 1940 | Friedrich | Hoffmann | Berlin | Hum. Gymn. | Jahn | 5. Nov. 1901 |
| 1939 | Otto | Schröter | Craja (Prov. Sachsen) | Hum. Gymn. | Landolt Hinrichsen | 5. Nov. 1901 |
| 1941 | Moritz | Huybrechts | Mont St. Guibert (Belgien) | Hum. Gymn. | Jahn | 8. Nov. 1901 |
| 1942 | Hermann | Mauermann | Wetzlar | Hum. Gymn. | Lange Hinrichsen | 21. Nov. 1901 |
| 968 | Anton | Biersack | Landshut (Bayern) | Apoth.Staatsexamen | Buchner Hinrichsen | 6. Dez. 1901 |
| 1090 | Eduard | Kienitz | Weilburg | Real-Gymn. | Zincke Hinrichsen | 16. Jan. 1902 |
| 1944 | Frau Rona | Dimschitz | Poltawa (Russland) | Russ. Mädchen-Gymn. | Landolt Hinrichsen | 6. März 1902 |
| 1943 | Arnold | Isaac | Berlin | Real-Gymn. Apoth.Staatsexamen | Lange Hinrichsen | 5. März 1902 |
| 1084 | Heinrich | Wetzel | Cassel | Rsz. Ober-Realsch. | Zincke Hinrichsen | 4. März 1902 |
| 1945 | Karl | Zopfs | Leer | Real-Gymn. Apoth.Staatsexamen | Hinrichsen Lange | 6. März 1902 |

## II. Chemisches Institut der Universität Berlin. Fortsetzung.

| Auf-gedruckte No. der Zeugniss-karte | Vorname | Zuname | Geburtsort | Vorbildung | Examinatoren | Datum der Ausfertigung |
|---|---|---|---|---|---|---|
| W.-S. 01/02 | | | | | | |
| 1946 | Rachel | Gurwitsch | Dwinsk | Real-Gymn. | Lange Hinrichsen | 7. März 1902 |

## Technolog. Institut der Universität Berlin.

| Auf-gedruckte No. der Zeugniss-karte | Vorname | Zuname | Geburtsort | Vorbildung | Examinatoren | Datum der Ausfertigung |
|---|---|---|---|---|---|---|
| W.-S. 00/01 | | | | | | |
| 615 | Salomon | Sokolowski | Kiew | in Russland approbirter Apotheker | Wichelhaus | 27. Febr. 1901 |
| 616 | Gregoire | Kamlet | Odessa | Handels-schule in Odessa | Wichelhaus | 27. Febr. 1901 |
| S.-S. | | | | | | |
| 617 | Walther | Schwanke | Berlin | Real-Gymn. | Wichelhaus | 20. Juni 1901 |

## Anorgan. Laboratorium der Techn. Hochschule zu Berlin.

| Auf-gedruckte No. der Zeugniss-karte | Vorname | Zuname | Geburtsort | Vorbildung | Examinatoren | Datum der Ausfertigung |
|---|---|---|---|---|---|---|
| W -S. 00/01 | | | | | | |
| 1743 | Erwin | Pinoff | Görlitz | Oberprima | Stavenhagen | 16. März 1900 |
| 1744 | Massatao | Hayakawa | Tokio | Abiturient | Stavenhagen | 16. März 1900 |
| 1745 | Hans | Schrobsdorf | Berlin | Abiturient | Stavenhagen | 18. März 1901 |
| 1746 | Bernhard | Pleus | Danzig | Abiturient | Stavenhagen | 18. März 1901 |
| 2451 | Walther | Mielcke | Bukow | Abiturient | Stavenhagen | 18. März 1901 |
| 1748 | Max | Bluhm | Stendal | Oberprima | Stavenhagen | 18. März 1901 |
| 2500 | Hans | Klopstock | Berlin | Unterprima | Stavenhagen | 28. März 1901 |
| S.-S. 01 | | | | | | |
| 2452 | Richard | Amberg | Elberfeld | Abiturient | Stavenhagen v. Knorre Liebermann | 5. Mai 1901 |
| 2454 | Ernst | Heuseler | Alt-Krakow | Abiturient | Stavenhagen v. Knorre Liebermann | 8. Juli 1901 |
| 2460 | Otto | Maempel | Mainz | Abit. R. | Nass Stavenhagen | 12. Juli 1901 |
| 2461 | Bruno | Müller | Essen | Einjähr. Z. | Stavenhagen | 12. Juli 1901 |
| 2462 | Casimir | Celichowski | Bnin (Pr. Posen) | Abiturient. G. | Stavenhagen | 12. Juli 1901 |
| 2463 | Hermann | Pelka | Eintrachts-hütte | Oberprima | Stavenhagen | 12. Juli 1901 |
| W.-S. 01/02 | | | | | | |
| 2464 | Lothar | Buszinsky | Schöneberg | Prima R. | Müller Stavenhagen | 4. Okt. 1901 |
| 2465 | Wolter | Bürgers | Köln a. R. | Reifezeugniss (Schweiz) | Stavenhagen | 8. Okt. 1901 |
| 2453 | Moritz | Philips | Ruhrort | Abiturient | Stavenhagen | 4. Nov. 1901 |

## Anorgan. Laboratorium der Techn. Hochschule zu Berlin. Fortsetzung.

| Auf-gedruckte No. der Zeugniss-karte | Vorname | Zuname | Geburtsort | Vorbildung | Examinatoren | Datum der Ausfertigung |
|---|---|---|---|---|---|---|
| W.-S. 01/02 | | | | | | |
| 3202 | Hugo | Wasmuht | Ems | Abiturient Real-Gymn. | Erdmann | 25. Febr. 1902 |
| 3201 | Hugo | Sahland | Neudeck (Pr.Sachsen) | Abiturient Hum. Gymn. | Erdmann | 25. Febr. 1902 |
| 3203 | Karl | Ziegler | Johannisthal | Abiturient Hum. Gymn. | Erdmann | 28. Febr. 1902 |
| 3204 | Franz | Seyde | Dresden | Abiturient Real-Gymn. | Erdmann | 7. März 1902 |
| 3205 | Paul | Schalscha v. Ehrenfeld | Wrischnik | Abiturient Real-Gymn. | Erdmann | 7. März 1902 |
| 3206 | Theodor | Scholtz | Budapest | Abiturient Hum. Gymn. | Erdmann | 7. März 1902 |
| 3207 | Wilhelm | Günther | Reutlingen | Oberprima Real-Gymn. | Erdmann | 7. März 1902 |
| 3215 | Erich | Beschke | Magdeburg | Abiturient Real-Gymn. | Erdmann | 10. März 1902 |
| 3217 | Kurt | Witte | Berlin | Abiturient Hum. Gymn. | Erdmann | 14. März 1902 |
| 3218 | Felix | Fritz | Berlin | Hum. Prima-zeugniss | Erdmann | 17. März 1902 |
| 3219 | Paul | Herz | Mühlhausen | Abiturient Real-Gymn. | Erdmann | 18. März 1902 |
| 3220 | Georg | Mielecke | Buckow | Real-Prima-zeugniss | Erdmann | 18. März 1902 |
| 3221 | Erich | Langer-hauss | Naumburg a. S. | Abiturient Hum. Gymn. | Erdmann | 19. März 1902 |
| 3222 | Franz | Vorbrodt | Magdeburg | Abiturient Hum. Gymn. | Erdmann | 19. März 1902 |
| 3223 | Jancu | Grünberg | Tescani | Abiturient Hum Gymn. | Erdmann | 19. März 1902 |
| 3224 | Theodor | Nieszytka | Warpuhnen (Ost-Pr.) | Abiturient Real-Gymn | Erdmann | 19. März 1902 |

## Organisches Laboratorium der Technischen Hochschule zu Berlin.

| | | | | | | |
|---|---|---|---|---|---|---|
| W.-S. 00/01 | | | | | | |
| 1415 | Felix | Haase | Rybnick | Reifezeugn. Gymnasium | Liebermann | 7. Nov. 1900 |
| 1416 | Alfred | Eisenstein | Wien | Reifezeugn. Gymnasium | Liebermann | 12. Nov. 1900 |
| 1417 | Paul | Goldberger | Prag | Reifezeugn. Oberreal-schule | Liebermann | 12. Nov. 1900 |
| W.-S. 01/02 | | | | | | |
| 2654 | Rudolf | Krauss | Chur (Schweiz) | Reifezeugn. Gymnasium | Seubert Liebermann | 3 Dez. 1901 |

## Organisches Laboratorium der Techn. Hochschule zu Berlin. Fortsetzung.

| Aufgedruckte No. der Zeugnisskarte | Vorname | Zuname | Geburtsort | Vorbildung | Examinatoren | Datum der Ausfertigung |
|---|---|---|---|---|---|---|
| W.-S. 01/02 | | | | | | |
| 1418 | Gustav | Teichner | Wien | Reifezeugn. Oberrealschule | Liebermann | 25. Jan. 1902 |
| 2460 | Otto | Mämpel | Mainz | Reifezeugn. Real-Gymn. | Stavenhagen Liebermann | 18. Okt. 1901 |
| 1419 | Carl | Bittner | Lundenburg | Reifezeugn. Oberrealschule | Liebermann | 25. Febr. 1902 |
| 2458 | Otto | Eggel | Miedar b. Tarnowitz | Reifezeugn. Real-Gymn. | Stavenhagen Liebermann | 25. Febr. 1902 |
| 2457 | Fritz | Hayduck | Thorn | Reifezeugn. Gymnasium | Stavenhagen Liebermann | 25. Febr. 1902 |

## Techn.-chem. Laboratorium der Königl. Techn. Hochschule zu Berlin.

| | | | | | | |
|---|---|---|---|---|---|---|
| S.-S. 01 | | | | | | |
| 26 | Alexander | Gollmann | Kreuzberg (O.-Schles.) | Real-Gymn. (Mat.) Berlin | Witt | 3. Juli 1901 |
| 27 | Eduard | Heubach | Lichte i. Thür. | Oberrealschule Halle a. S. (Mat.) | Witt | 3. Juli 1901 |
| 28 | Miecislaw | Cohn | Warschau | Realschule Warschau | Witt | 3. Juli 1901 |
| W.-S. 01/02 | | | | | | |
| 29 | Aladár | Pocz | Csókás (Ungarn) | Oberrealschulabiturient | Stavenhagen Witt | 12. März 1902 |
| 30 | Joachim | Hausmann | Borislaw (Galizien) | Abiturient d. Lemberger Gymnasiums | Witt | 12. März 1902 |

## Elektrochemisches Laboratorium der Königl. Technischen Hochschule zu Berlin-Charlottenburg.

| | | | | | | |
|---|---|---|---|---|---|---|
| W.-S. 00/01 | | | | | | |
| 1604 | Ber | Suler | Minsk (Russland) | Privat-Realschule Minsk | v. Knorre | 2. Okt. 1900 |
| 1605 | Alfred | Utermann | Dortmund | Real-Gymn. | Stavenhagen v. Knorre Liebermann | 3. Nov. 1900 |
| 1606 | Adolf | Stadler | Graz | Real-Gymn. | Stavenhagen v. Knorre Liebermann | 3. Nov. 1900 |
| 1607 | Fritz | Warschauer | Berlin | Hum. Gymn. | v. Knorre | 26. Febr. 1901 |
| 1608 | Alfred | Rokotnitz | Berlin | Real-Gymn. | v. Knorre | 26. Febr. 1901 |

## Elektrochemisches Laboratorium der Königl. Technischen Hochschule Berlin-Charlottenburg. Fortsetzung.

| Aufgedruckte No. der Zeugnisskarte | Vorname | Zuname | Geburtsort | Vorbildung | Examinatoren | Datum der Ausfertigung |
|---|---|---|---|---|---|---|
| W.-S. 00/01 | | | | | | |
| 1609 | Hugo | Jacob | Dinslaken | Real-Gymn. | Classen v. Knorre | 27. Febr. 1901 |
| 1610 | Johann | Terwelp | Wissel | Hum. Gymn. | Classen v. Knorre | 28. Febr. 1901 |
| 1611 | Armand | Manasse | Charlottenburg | Hum. Gymn. | v. Knorre | 4. März 1901 |
| 1612 | Richard | Stier-Somlo | Stein am Anger (Ungarn) | Hum. Gymn. (nicht absolviert) | v. Knorre | 7. März 1901 |
| S.-S. 01 | | | | | | |
| 1613 | Ignatz | Friedmann | Tremessen (Pr. Posen) | Hum. Gymn. | v. Knorre | 6. Juli 1901 |
| 1614 | Georg | Berendts | Sonnenberg (Neumark) | Real-Gymn. | v. Knorre | 10. Juli 1901 |
| 1615 | Karl | Müllers | Köln-Ehrenfeld | Hum. Gymn. (nicht absolviert) | v. Knorre | 16. Juli 1901 |
| 1616 | Heinrich | Scharpegge | Ruhrort | Real-Gymn. | v. Knorre | 17. Juli 1901 |
| W.-S. 01/02 | | | | | | |
| 1617 | Herrmann | v. Hayeck | Graz | Hum. Gymn. | v. Knorre | 18. Dez. 1901 |
| 1618 | Friedrich | Henseling | Delligsen | Hum. Gymn. | v. Knorre | 15. März 1902 |

## Chemisches Laboratorium der Landwirthschaftlichen Hochschule in Berlin.

| | | | | | | |
|---|---|---|---|---|---|---|
| W.-S. 00/01 | | | | | | |
| 954 | Joseph | Geronimus | Mohilew | Apotheker (Russland) | Buchner | 6. März 1901 |
| S.-S. 01 | | | | | | |
| 955 | Lasar | Perkel | Odessa | Handelsschule (8 kursig) | Buchner | 25. April 1901 |
| 956 | Leon | Feldmann | Odessa | Technische Schule | Buchner | 25. April 1901 |

## Chemisches Institut der Universität Bonn.

| | | | | | | |
|---|---|---|---|---|---|---|
| W.-S. 00/01 | | | | | | |
| 1843 | Philipp | Schneider | Bitburg | Real-Gymn. Abiturient | Anschütz | 16. Nov. 1900 |
| 1844 | Georg | Rauff | Berlin | Real-Gymn. Abiturient | Anschütz | 16. Nov. 1900 |
| 1845 | Wilhelm | Hübner (Apotheker) | Moers a. R. | Reife f. Ob. Sec. d. Gymn. | Anschütz | 28. Febr. 1901 |
| 1846 | Karl | Geller (Apotheker) | Aachen | Reife f. Ob. Sec. d. Gymn. | Anschütz | 28. Febr. 1901 |

## Chemisches Institut der Universität Bonn. Fortsetzung.

| Auf-gedruckte No. der Zeugniss-karte | Vorname | Zuname | Geburtsort | Vorbildung | Examinatoren | Datum der Ausfertigung |
|---|---|---|---|---|---|---|
| W.-S. 00/01 | | | | | | |
| 1847 | Joachim | Graff | Köln a. R. | Gymn. Abit. | Anschütz | 2. Febr. 1901 |
| 1848 | Friedrich | Korten | Wesel | Real-Gymn. Abiturient | Anschütz | 26. Febr. 1901 |
| 1849 | Joseph | Küppers | Hehn b. M.-Gladb. | Reife f. Ob. Prima v. Hum. Gymn. | Anschütz | 28. Febr. 1901 |
| 1850 | Leonhard | Schmitz | Düsseldorf | Real-Gymn. Abiturient | Anschütz | 28. Febr. 1901 |
| 2821 | Arthur | Timm | Treptow a. d. Rega | Reife f. Ob. Sec. d. Gymn. | Anschütz | 1. März 1901 |
| 2822 | Eugen | Bossert | Ofterdingen | Reife f. Unt. Sec. d. Gymn. | Anschütz | 1. März 1901 |
| 2823 | Arthur | vom Dorp | Düsseldorf | Abiturient Real-Gymn. | Anschütz | 7. März 1901 |
| 2824 | Georg | Rösing | Beuel b. Bonn | Abiturient Real-Gymn. | Anschütz | 7. März 1901 |
| 2825 | Hermann | Bürger | Marburg i. H. | Abiturient Real-Gymn. | Anschütz | 20. April 1901 |
| S.-S. 01 | | | | | | |
| 2826 | Karl | Runkel | Rengsdorf b. Neuwied | Gymn. Abit. | Anschütz Gabriel | 22. Mai 1901 |
| 2827 | Alexander | Hülten-schmidt | Dortmund | Gymnasium bis Ob. Sec. | Anschütz | 25. Juli 1901 |
| 2828 | Otto | Weber (Apotheker) | Melle (Hannover) | Gymnasium bis Ob. Sec. | Anschütz | 25. Juli 1901 |
| 2829 | Anton | Arbeit | Trier | Real-Gymn. Abiturient | Anschütz | 29. Juli 1901 |
| 2830 | Erich | Feder (Apotheker) | Eupen | Real-Gymn. bis Ob. Sec. | Anschütz | 29. Juli 1901 |
| 2831 | Paul | Lieske (Apotheker) | Dresden | Real-Gymn. bis Ob. Sec. | Anschütz | 30. Juli 1901 |
| 2832 | Rudolf | Böcker | Betzdorf a. d. Sieg | Real-Gymn. Abiturient | Anschütz | 30. Juli 1901 |
| 2833 | Eduard | Andreae | London | Real-Gymn. Abiturient | Anschütz | 30. Juli 1901 |
| 2834 | Robert | Steffens (Oberl. Dr. ph.) | Herford | Gymn. Abit. | Anschütz | 1. Aug. 1901 |
| W.-S. 01/02 | | | | | | |
| 2835 | Josef | Schmitt | Süng b. Lindlar | Gymn. Abit. | Anschütz | 15. Nov. 1901 |
| 2836 | Franz | Giloy | Köln a. R. | Ob. Realschul-Abiturient | Anschütz | 15. Nov. 1901 |
| 2837 | Fritz | Grüters | Saarbrücken | Real-Gymn. Abiturient | Anschütz | 25. Nov. 1901 |
| 2838 | Gustav | Wilmanns | Bremen | Real-Gymn. Abiturient | Anschütz | 25. Nov. 1901 |
| 2839 | Ludwig | Alff (Apotheker) | Trier | bis Ob. Sec. des Gymn. | Anschütz | 26. Febr. 1902 |

## Chemisches Institut der Universität Bonn. Fortsetzung.

| Aufgedruckte No. der Zeugniss-karte | Vorname | Zuname | Geburtsort | Vorbildung | Examinatoren | Datum der Ausfertigung |
|---|---|---|---|---|---|---|
| W.-S. 01/02 | | | | | | |
| 2840 | Adolf | Grewe (Apotheker) | Osnabrück | bis Ob. Sec. des Gymn. | Anschütz | 26. Febr. 1902 |
| 2841 | Reinhold | Claus (Apotheker) | Köln a. R. | bisUnt.Prima des Gymn. | Anschütz | 5. März 1902 |
| 2842 | Alfred | Müller | Lindlar (Rheinpr.) | Abit. Gymn. | Anschütz | 5. März 1902 |
| 2843 | Julius | Rath | Crefeld | Real-Gymn. Abiturient | Anschütz | 6. März 1902 |

## Laboratorium f. analyt. u. techn. Chemie der Techn. Hochschule Braunschweig.

| Aufgedruckte No. der Zeugniss-karte | Vorname | Zuname | Geburtsort | Vorbildung | Examinatoren | Datum der Ausfertigung |
|---|---|---|---|---|---|---|
| W.-S. 00/01 | | | | | | |
| 2108 | Paul | Jaeger | Wolfenbüttel | Real-Gymn. Matur. | R. Meyer | 3. Nov 1900 |
| 2109 | Heinrich | Hoyer | Hannover | Real-Gymn. Matur. | R. Meyer | 26. März 1901 |
| 2110 | Julius | Bohle | Hesselen b. Halle (Westph.) | Real-Gymn. Prima-Reife | R. Meyer | 26. März 1901 |
| S.-S. 01 | | | | | | |
| 1249 | Wilhelm | Eberlein | Braunschweig | Oberrealsch. Matur. | L Gattermann R. Meyer | 24. Juli 1901 |
| 2111 | Karl | v. Köppen | St. Petersburg | Klass. Gymn Matur. | R. Meyer | 24. Juli 1901 |
| 2112 | Leo | Friedland | Odessa | Russ.Realsch. mit Erg.-Kl. Matur. | R. Meyer | 24. Juli 1901 |
| W.-S. 01/02 | | | | | | |
| 2113 | Carl | Freymann | Krestilowo (Russland) | Klass. Gymn. Matur. | R. Meyer | 17. März 1902 |
| 2114 | Oscar | Spengler | Schöppenstedt(Braunschweig) | Oberrealsch. Matur. | R. Meyer | 22. März 1902 |

## Pharm.-chem. Laboratorium der Techn. Hochschule in Braunschweig.

| Aufgedruckte No. der Zeugniss-karte | Vorname | Zuname | Geburtsort | Vorbildung | Examinatoren | Datum der Ausfertigung |
|---|---|---|---|---|---|---|
| S.-S. 01 | | | | | | |
| 3001 | Hermann | Apfel | Bodenburg | Apotheker | Beckurts | 18. Juli 1901 |
| 3002 | Wilhelm | Meine | Braunschweig | Apotheker | Beckurts | 18. Juli 1901 |
| 3003 | Hermann | Hoyer | Brake | Apotheker | Beckurts | 18. Juli 1901 |
| 3004 | Rudolf | Pfannmüller | Lauterbach i. H. | Apotkeker | Beckurts | 18. Juli 1901 |
| 3005 | Ludwig | Hartwieg | Hannover | Real-Gymn. | Beckurts | 18. Juli 1901 |
| 3006 | Heinrich | Frerichs | Jever | Apotheker | Beckurts | 31 Juli 1901 |
| W.-S. 01/02 | | | | | | |
| 3007 | Franz | Vollkmer | Habelschwerdt | Apotheker | Beckurts | 10. März 1902 |
| 3008 | Martin | Hollmann | Wolfenbüttel | Apotheker | Beckurts | 10. März 1902 |

# Universitäts-Laboratorium Breslau.

| Auf-gedruckte No. der Zeugniss-karte | Vorname | Zuname | Geburtsort | Vorbildung | Examinatoren | Datum der Ausfertigung |
|---|---|---|---|---|---|---|
| W.-S. 00/01 | | | | | | |
| 1329 | Oswald | Bialon | Breslau | Abit. Gymn. | Ladenburg | 19. Oct. 1900 |
| 1330 | Carl | Renz | Anweiler (Pfalz) | Abit. Gymn. | Ladenburg | 8. Dez. 1900 |
| 1331 | Casimir | v. Damski | Ludisko (Posen) | Abit. Gymn. | Ladenburg | 11. Febr. 1901 |
| 1332 | Waldemar | Fischer | Breslau | Abit. Gymn. | Ladenburg | 20. Febr. 1901 |
| 1333 | Arved | Günther | Neumarkt (Schlesien) | Obersecunda Gymnasium | Ladenburg | 25. Febr. 1901 |
| 1334 | Reinhard | Sorge | Wenigen-Jena | Abit. Gymn. | Ladenburg | 26. Febr. 1901 |
| S.-S. 01 | | | | | | |
| 1335 | Lothar | Kaute | Graetz (Posen) | Obersecunda Gymnasium | Ladenburg | 3. Juni 1901 |
| 1336 | Martin | Hoffmann | Tarnowitz (O.-Schles.) | Abiturient Real-Gymn. | Ladenburg | 14. Juni 1901 |
| 1337 | Hans | Kunitzky | Krappnitz (O.-Schles.) | Obersekunda Gymnasium | Ladenburg | 17. Juni 1901 |
| 1338 | Otto | Ollendorff | Kattowitz (O -Schles.) | Abiturient Real-Gymn. | Ladenburg | 3. Juli 1901 |
| 1339 | Bernhard | Pyrkosch | Militsch (N.-Schles.) | Abiturient Real-Gymn. | Ladenburg | 18. Juni 1901 |
| 1340 | Berthold | Wuth | Accrington (England) | Abiturient Real-Gymn. | Ladenburg | 10. Juli 1901 |
| 1341 | Karl | Löw | Brünn | Abiturient Ober-Real-schule | Ladenburg | 11. Juli 1901 |
| 1342 | Alfred | Wiedemann | Gross Nosen (Schlesien) | Abiturient Gymnasium | Ladenburg | 23. Juli 1901 |
| 1343 | Victor | Schätzke | Trebnitz b. Breslau | Secunda Real-Gymn. | Ladenburg | 23. Juli 1901 |
| 1344 | Otto | Bobertag | Breslau | Abiturient Real-Gymn. | Ladenburg | 31. Juli 1901 |
| 1345 | Walter | Reche | Kosel (O.-Schles.) | | Ladenburg | 1. Aug. 1901 |
| 1346 | Felix | Schott | Breslau | Obersecunda Real-Gymn. | Ladenburg | 1. Aug. 1901 |
| 1347 | Adam | Stanowski | Schroda (Posen) | Apotheker | Ladenburg | 2. Aug. 1901 |
| W.-S. 01/02 | | | | | | |
| 1348 | Friedrich | Jaeger | Zirlau (Kr. Schweidnitz) | Obersecunda Real-Gymn. | Ladenburg | 23. Oct 1901 |
| 1349 | Gustav | Halfpaap | Breslau | Abiturient Real-Gymn. | Ladenburg | 31. Oct. 1901 |
| 1350 | Kurt | Bartsch | Breslau | Abiturient Ober-Real-schule | Ladenburg | 9. Dez. 1901 |
| 3151 | Kurt | Ehrlich | Kattowitz | Apotheker | Ladenburg | 14. Dez 1901 |

## Universitäts-Laboratorium Breslau.

Fortsetzung.

| Aufgedruckte No. der Zeugnisskarte | Vorname | Zuname | Geburtsort | Vorbildung | Examinatoren | Datum der Ausfertigung |
|---|---|---|---|---|---|---|
| W.-S. 01/02 | | | | | | |
| 3152 | Paul | Gilgenberger | Nordhausen | Apotheker | Ladenburg | 14. Dez. 1901 |
| 3153 | David | Warmbrunn | Dresden | Apotheker | Ladenburg | 14. Dez. 1901 |
| 3154 | Albert | Hepner | Breslau | Obersecunda Gymnasium | Ladenburg | 14. Jan. 1902 |
| 3155 | Georg | Klose | Breslau | Abiturient Real-Gymn. | Ladenburg | 16. Jan. 1902 |
| 3156 | Wolfgang | Dierig | Ober-Langen Bielau (Schlesien) | Abiturient Gymnasium | Ladenburg | 17. Jan. 1902 |
| 3158 | Walter | Steinitz | Grosstrelitz (Schlesien) | Abiturient Gymnasium | Ladenburg | 4. Febr 1902 |
| 3159 | Robert | Lehnhardt | Breslau | — | Ladenburg | 18 Febr. 1902 |
| 3160 | Fritz | Werner | Neurode (Glatz) | Abiturient Real-Gymn. | Ladenburg | 1. März 1902 |
| 3161 | Georg | Gasda | Pless (O.-Schles.) | Abiturient Gymnasium | Ladenburg | 1. März 1902 |
| 3162 | Gerhard | Langer | Saarau | Abiturient Ober-Realschule | Ladenburg | 1. März 1902 |
| 3163 | Stanislaus | Labendźinski | Posen | Abiturient Gymnasium | Ladenburg | 8. März 1902 |

## Landw. technol. Institut der Königl. Universität Breslau.

| | | | | | | |
|---|---|---|---|---|---|---|
| W.-S. 00/01 | | | | | | |
| 1371 | Waldemar | Blümel | Kl. Wangern (Kr. Wohlau) | Abiturient Real-Gymn. | Ahrens | 19. Jan. 1901 |
| S.-S. 01 | | | | | | |
| 1372 | Richard | Gorkow | Posen | Untersecunda Gymnasium Einjähr.-Prüfung | Ahrens | 26. Juli 1901 |
| W.-S. 01/02 | | | | | | |
| 1373 | Oscar | Fürnrohr | Konnikowo (Kr. Gnesen) | Landwirtschaftsschule Liegnitz | Ahrens | 7. März 1902 |
| 1374 | Georg | Vater | Reichenbach i. Schles. | Obersecunda Real-Gymn. | Ahrens | 7 März 1902 |

## Chemisches Institut der Technischen Hochschule Darmstadt.

| Aufgedruckte No. der Zeugniss-karte | Vorname | Zuname | Geburtsort | Vorbildung | Examinatoren | Datum der Ausfertigung |
|---|---|---|---|---|---|---|
| W.-S. 00/01 | | | | | | |
| 435 | Konrad | Hoffmann | Leipzig | Obersecunda Real-Gymn. | Staedel | 17. Oct. 1900 |
| 436 | Hermann | Staudinger | Darmstadt | Matur. Hum. Gymn. | Staedel | 17. Oct. 1900 |
| 437 | Otto | Lindecke | Stendal | Obersecunda Real-Gymn. | Staedel | 17. Oct 1900 |
| 438 | Hans | Holzmüller | Hagen i. W. | Realschule u. höhere Fachschule | Staedel | 19. Oct. 1900 |
| 439 | Leo | Fechter | Marienbad i. B. | Matur. Gewerbesch. | Staedel | 19. Oct. 1900 |
| 440 | Leonhard | Walter | Lengfeld i. O | Realschule | Staedel | 29. Oct. 1900 |
| S.-S. 01 | | | | | | |
| 2702 | Karl Ludwig | Gonder | Friedberg i. H. | Oberrealschule | Staedel | 23. April 1901 |
| W.-S. 01/02 | | | | | | |
| 2704 | Ferdinand | Reuter | Hanau | Mat. hum. Gymnasium | Staedel | 15. Oct. 1901 |
| 2705 | Ludwig | Schupp | Darmstadt | Mat. Realgymnasium | Staedel | 12. März 1902 |

## Chem.-technisches u. elektrochemisches Institut der Techn. Hochschule Darmstadt.

| | | | | | | |
|---|---|---|---|---|---|---|
| S.-S. 01 | | | | | | |
| 2731 | Werner | Siebert | Gummersbach | Matur. Real-Gymn. | Dieffenbach | 20. Juli 1901 |
| 2732 | Georg | Horst | Hanau | Matur. Oberrealschule | Dieffenbach | 23. Juli 1901 |
| 2733 | Richard | Seiler | Dresden | Obersecunda Realschule | Dieffenbach | 23. Juli 1901 |
| W.-S. 01/02 | | | | | | |
| 2734 | Oscar | Eliasberg | Minsk (Russland) | Realschule mit Ergänzungsklassen | Dieffenbach | 17. Nov. 1901 |

## Chemische Laboratorien der Technischen Hochschule Dresden.

| | | | | | | |
|---|---|---|---|---|---|---|
| W.-S. 00/01 | | | | | | |
| 1482 | Walter | Friese | Dresden | Real-Gymn. Matur. | Hempel v. Meyer | 9. Oct. 1900 |
| 1483 | Albert | Grossmann | Grossröhrsdorf (Sa.) | Real-Gymn. Matur. | Hempel v. Meyer | 9. Oct. 1900 |
| 1484 | Haavard | Martinsen | Eker (Norwegen) | Examen artium (Matur.) | Hempel v. Meyer | 10. Oct. 1900 |

# Chemische Laboratorien der Technischen Hochschule Dresden.

Fortsetzung.

| Aufgedruckte No. der Zeugnisskarte | Vorname | Zuname | Geburtsort | Vorbildung | Examinatoren | Datum der Ausfertigung |
|---|---|---|---|---|---|---|
| W.-S. 00/01 | | | | | | |
| 1485 | Max | Reiche | Dresden | Real-Gymn. Matur. | Hempel v. Meyer | 10. Oct. 1900 |
| 1486 | Alfred | Rossleben | Lauterbach | Real-Gymn. Matur. | Hempel v. Meyer | 10. Oct. 1900 |
| 1487 | Hans | Mieth | Chemnitz | Gymn. Reife für Prima | v. Meyer | 16. März 1901 |
| S.-S. 01 | | | | | | |
| 1488 | Walter | König | Annaberg | Real-Gymn. Matur. | Hempel v. Meyer | 26. April 1901 |
| 1489 | Fritz | Markert | Räcknitz b. Dresden | Real-Gymn. Matur. | Hempel v. Meyer | 26. April 1901 |
| 1490 | Armin | Schulze | Zwickau | Real-Gymn. Matur. | Hempel v. Meyer | 26. April 1901 |
| 1491 | Arno | Seidel | Glauchau | Real-Gymn. Matur. | Hempel v. Meyer | 26. April 1901 |
| 1492 | Heinrich | Greifen-hagen | Radeberg | Real-Gymn. Matur. | Hempel v. Meyer | 27. April 1901 |
| 1493 | Oscar | Heymann | Dresden | Real-Gymn. Matur. | Hempel v. Meyer | 27. April 1901 |
| 1494 | Walter | Focke | Leipzig | Real-Gymn. Matur. | Hempel v. Meyer | 29 April 1901 |
| 1495 | Walter | Handrich | Dresden | Real-Gymn. Matur. | Hempel v. Meyer | 29. April 1901 |
| 1496 | Franz | Ziegenbein | Oschersleben | Real-Gymn. Matur. | Hempel v. Meyer | 29. April 1901 |
| 1497 | Alexander | Berkenheim | Moskau | 8 klass. Gymn. Moskau Matur. | Hempel v. Meyer | 29. April 1901 |
| 1498 | Iwan | v. Wladi-mirski | Moskau | 8 klass Kom-merzschule Moskau Matur. | Hempel v. Meyer | 29. April 1901 |
| 1499 | Karl | Buschmann | Dresden | Lehrerse-minar-Reife | Hempel v. Meyer | 24. Juli 1901 |
| W.-S. 01/02 | | | | | | |
| 382 | Felix | Boericke | Schoenau | Hum. Gymn. Matur. | Hempel v. Meyer | 10. Oct. 1901 |
| 383 | Oscar | Grotsch | Dresden | Hum. Gymn. Matur. | Hempel v. Meyer | 10. Oct. 1901 |
| 384 | Armin | Krauss | Orsova (Ungarn) | Oesterr. Realschule Matur. | Hempel v. Meyer | 10. Oct. 1901 |
| 385 | Richard | Müller | Dresden | Real-Gymn. Matur. | Hempel v. Meyer | 10. Oct. 1901 |

## Chemische Laboratorien der Technischen Hochschule Dresden.

Fortsetzung.

| Auf-gedruckte No. der Zeugniss-karte | Vorname | Zuname | Geburtsort | Vorbildung | Examinatoren | Datum der Ausfertigung |
|---|---|---|---|---|---|---|
| W.-S. 01/02 | | | | | | |
| 386 | Franz | Pohl | Trautenau (Oesterr.) | Oesterr. Realschule Matur. | Hempel v. Meyer | 10. Oct. 1901 |
| 387 | Otto | Bürger | Dresden | Real-Gymn. Matur. | Hempel v. Meyer | 17. Febr. 1902 |
| 388 | Wilhelm | Danzfuss | Schöningen | Real-Gymn. Primareife | Hempel v. Meyer | 17. Febr. 1902 |
| 1500 | Arnold | Rost | Dresden | Real-Gymn. Primareife | Hempel v. Meyer | 17. Febr. 1902 |

## Chemisches Laboratorium der Universität Erlangen.

| | | | | | | |
|---|---|---|---|---|---|---|
| W.-S. 00/01 | | | | | | |
| 1653 | Wilhelm | Bauer | Neu-Ulm | Hum. Gymn. (Absolvent) | O. Fischer | 24. Jan. 1901 |
| 1654 | Fritz | Schierenberg | Horn (Lippe Detmold) | Apotheker Note I | O. Fischer | 24. Jan. 1901 |
| 1655 | Sebastian | Schneider | Erlangen | Hum. Gymn. (Absolvent) | O. Fischer | 24. Jan. 1901 |
| 1656 | Hans | Kanter | Berlin | Hum. Gymn. (Absolvent) | O. Fischer | 24. Jan. 1901 |
| 1657 | Philipp | Schmidt | Fürth | Unterprima Hum. Gymn. | O. Fischer | 22. Febr. 1901 |
| 1658 | Hans | Walther | Nürnberg | Real-Gymn. (Absolvent) | O. Fischer | 22. Febr. 1901 |
| 1959 | Benno | Wagner | Schlettstadt i. Elsass | Apotheker Note I | O. Fischer | 22. Febr. 1901 |
| S.-S. 01 | | | | | | |
| 1660 | Wilhelm | Meyer | Kaiserslautern | Apotheker Note II | O. Fischer | 29. April 1901 |
| 1661 | Georg | Fiesselmann | Erlangen | Hum. Gymn. (Absolvent) | O. Fischer | 1. Mai 1901 |
| 1662 | Ferdinand | Flury | Würzburg | Apotheker Note I | O. Fischer | 5. Juni 1901 |
| 1663 | Richard | Emrich | Kusel | Apotheker Note I | O. Fischer | 5. Juni 1901 |
| 1664 | Hermann | Krapf | Frankfurt a. M. | Real-Gymn. (Absolvent) | O. Fischer | 25. Juni 1901 |
| 1665 | Ernst | Lauk | Erlangen | Hum. Gymn. Unterprima | O. Fischer | 25. Juni 1901 |
| W.-S. 01/02 | | | | | | |
| 1666 | Georg | Schmidt | Sulzbach i. d. Oberpfalz | Apotheker Note I | O. Fischer | 29. Oct. 1901 |
| 1667 | Alfred | Wirth | Lohr a. Main | Apotheker Note I | O. Fischer | 31. Oct. 1901 |

## Chemisches Laboratorium der Universität Erlangen.

Fortsetzung.

| Auf-gedruckte No. der Zeugniss-karte | Vorname | Zuname | Geburtsort | Vorbildung | Examinatoren | Datum der Ausfertigung |
|---|---|---|---|---|---|---|
| W.-S. 01/02 | | | | | | |
| 1668 | Ludwig | Raum | Nürnberg | Apotheker Note I | O. Fischer | 13. Dez. 1901 |
| 1669 | Robert | Frey | Meine (Hannover) | Apotheker Note I | O. Fischer | 13. Dez. 1901 |
| 1670 | Albert | Kromer | Stuttgart | Hum. Gymn. (Primareife) | O. Fischer | 19. Dez. 1901 |

## Pharmac. Institut u. Laboratorium f. angew. Chemie d. Universität Erlangen.

| | | | | | | |
|---|---|---|---|---|---|---|
| W.-S. 00/01 | | | | | | |
| 331 | Ernst | Moeller | Erfurt | Approb. Apotheker Note II | C. Paal | 14. Nov. 1900 |
| 332 | Johann Baptist | Ubber | Worringen b. Cöln | Approb. Apotheker Note I | C. Paal | 11. Dec. 1900 |
| 333 | Erich | Giere | Weferlingen (Pr. Sachs.) | Approb. Apotheker Note II | C. Paal | 18. Febr. 1901 |
| 334 | Georg | Zitelmann | Berlin | Approb. Apotheker Note I | C. Paal | 25. Febr. 1901 |
| 335 | Friedrich | Rumpf | Frankfurt a. M. | Abiturient Hum. Gymn. | C. Paal | 4. März 1901 |
| S.-S. 01 | | | | | | |
| 336 | Willy | Fuchs | Sobernheim (Rheinland) | Apotheker Note I | C. Paal | 24. Mai 1901 |
| 337 | Karl | Koch | Büdingen (Hessen) | Apotheker Note I | C. Paal | 5. Juni 1901 |
| W.-S. 01/02 | | | | | | |
| 338 | Franz | Voss | Lüneburg | Apotheker Note II | C. Paal | 28. Febr. 1902 |

## Universitäts-Laboratorium Freiburg i. B. (medicin. Abtheil.).

| | | | | | | |
|---|---|---|---|---|---|---|
| W.-S. 00/01 | | | | | | |
| 410 | Heinrich | Naegeli | Epfig | Abiturient | Kiliani | 26. Nov. 1900 |
| 411 | Julius | Koburger | Bamberg | Apotheker-Prüfung Note I | Kiliani | 27. Febr. 1901 |
| S.-S. 01 | | | | | | |
| 412 | Jakob | Kessler | Illingen | Apotheker-Prüfung Note I | Kiliani | 17. Juli 1901 |

## Universitäts-Laboratorium Freiburg i. B. (medicin. Abth.).

Fortsetzung.

| Aufgedruckte No. der Zeugnisskarte | Vorname | Zuname | Geburtsort | Vorbildung | Examinatoren | Datum der Ausfertigung |
|---|---|---|---|---|---|---|
| S.-S. 01 413 | Oskar | Achert | Karlsruhe | Apotheker-Prüfung Note I | Kiliani | 17. Juli 1901 |
| 414 | Erhard | Schwantes | Skalmiercyze | Apotheker-Prüfung Note I | Kiliani | 17. Juli 1901 |
| W.-S. 01/02 415 | Friedrich | Koehler | Heimersheim (Hessen) | Apotheker-Prüfung Note I | Kiliani | 15. Nov. 1901 |
| 416 | August | Brüning | Amelsbüren (Westph.) | Apotheker-Prüfung Note I | Kiliani | 8. Febr. 1902 |
| 417 | Georg | Bunke | Briesen (Preussen) | Oberrealschule bis Obersecunda | Autenrieth | 6. März 1902 |

## Universitäts-Laboratorium Freiburg i. B. (philosoph. Abtheil.).

| | | | | | | |
|---|---|---|---|---|---|---|
| W.-S. 00/01 1245 | Karl | Diehl | Flonheim | Obersecunda-Reife | Gattermann | 8. Nov. 1900 |
| 1364 | Ipo | Ritsema | Haarlem | Matur. v. höherer holländ. Bürgerschule | Krafft Gattermann | 26. Nov. 1900 |
| 1240 | Louis | Brandt | Bremen | Prima-Reife Real-Gymn. | Gattermann | 5. Dec. 1900 |
| 1243 | Albert | Schiedt | Neckarrens | Obersecunda-Reife Pharm. I | Gattermann | 17. Dec. 1900 |
| 1244 | Heinrich | Garbs | Sudweyhe | Matur. Real-Gymn. | Gattermann | 21. Dec. 1900 |
| 1517 | Karl | Gaugler | Peterhof | Matur. Gymn. | Rüdorff Gattermann | 14. Jan. 1901 |
| 1239 | Albert | Finck | Dunkirk | Dunkirk High School Matur. | Gattermann | 17. Jan. 1901 |
| 1241 | Georg | Leschick | Schoppinitz | Matur. Gymn. | Gattermann | 30. Jan. 1901 |
| 1246 | John | Ekeley | Örebrö | Matur. Gymn. | Gattermann | 1. März 1901 |
| S.-S. 01 1234 | Eugen | Werner | Abetifi | Matur. Gymn. | Willgerodt Gattermann | 23. Mai 1901 |
| 1393 | Franz | Merk | Staad | Matur. Oberrealschule | Engler Gattermann | 20. Juni 1901 |

## Universitäts-Laboratorium Freiburg i. B. (philosoph. Abtheil.).

Fortsetzung.

| Aufgedruckte No. der Zeugnisskarte | Vorname | Zuname | Geburtsort | Vorbildung | Examinatoren | Datum der Ausfertigung |
|---|---|---|---|---|---|---|
| S.-S. 01 | | | | | | |
| 1400 | Wilhelm | Hambrecht | Karlsruhe | Matur. Gymn. | Engler<br>Gattermann | 20. Juni 1901 |
| 1082 | Franz | Will | Frankfurt a. M. | Matur. Oberrealschule | Zincke<br>Gattermann | 24. Juni 1901 |
| 2297 | Paul | Lewino | Berlin | Obersecunda-Reife | W. Müller<br>Gattermann | 1. Juli 1901 |
| 421 | Max | Fischler | Constanz | Unterprima Oberrealschule | Staedel<br>Gattermann | 5. Juli 1901 |
| 1248 | Hermann | Löwe | Clausthal | Abiturient Gymn. | Gattermann | 22. Juli 1901 |
| W.-S. 01/02 | | | | | | |
| 2278 | Karl | Kieser | Stuttgart | Obersecunda-Reife | Gattermann<br>W. Müller | 3. Dec. 1901 |
| 2281 | Franz | Maffezoli | Capo di Ponte | Abit. Oberrealschule | Gattermann<br>W. Müller | 17. Febr 1902 |
| 2277 | Adolf | Willmann | Todtnau | Obersecunda-Reife | Gattermann<br>W. Müller | 19. Oct. 1901 |
| 2283 | Rudolf | Thilenius | Wiesbaden | Unterprima-Reife Gymn. Diplom-Vorexamen | Gattermann | 5. Nov. 1901 |
| 2287 | Max | Levi | Mannheim | Abiturient Real-Gymn. | Gattermann<br>Meigen<br>Müller<br>Rupp | 14. Febr. 1902 |
| 2288 | Georg | Smith | Nashville | B. o. s. Vanderbilt-Univers. | Gattermann<br>Meigen<br>Müller<br>Rupp | 25. Nov. 1901 |
| 2289 | Wilhelm | Schwenk | Grottkau | Obersecunda-Reife Pharm. I | Gattermann<br>Meigen<br>Müller<br>Rupp | 17. Febr. 1902 |

## Chemisches Universitäts-Laboratorium zu Giessen.

| | | | | | | |
|---|---|---|---|---|---|---|
| W.-S. 00/01 | | | | | | |
| 185 | Fritz | Schreiber | St. Georgen bei Braunfels | Approb. Apotheker | Alex. Naumann | 28. Febr. 1901 |
| 186 | Alfred | Klewitz | Giessen | Approb. Apotheker | Alex. Naumann | 28. Febr. 1901 |
| 187 | Karl | Markert | Cassel | Approb. Apotheker | Alex. Naumann | 9. März 1901 |

## Chemisches Universitäts-Laboratorium zu Giessen.

Fortsetzung.

| Aufgedruckte No. der Zeugnisskarte | Vorname | Zuname | Geburtsort | Vorbildung | Examinatoren | Datum der Ausfertigung |
|---|---|---|---|---|---|---|
| S.-S. 01 | | | | | | |
| 2901 | F. Heinrich | Katz | Singapore | Gymnasial-Reifezeugniss | Alex. Naumann | 18. Juli 1901 |
| 1157 | Michael | Frank | Schwetzingen | Real-Gymnasial-Reifezeugniss | Alex. Naumann | 18. Juli 1901 |
| 2903 | Carl | Brück | Wiesbaden | Gymnasial-Reifezeugniss | Alex. Naumann | 20. Juli 1901 |
| W.-S. 01/02 | | | | | | |
| 188 | Hermann | Baumgarten | Jerusalem | Türkische Schule | Alex. Naumann | 21. Dec. 1901 |
| 189 | Friedrich | Winter | Lindau im Bodensee | Reifezeugniss d. Industrieschule zu Augsburg | Alex. Naumann | 12. März 1902 |
| 190 | Ernst | Vogt | Langd (Oberhessen) | Real-Gymnasial-Reifezeugniss | Alex. Naumann | 14. März 1902 |

## Physik.-Chem. Laboratorium der Universität Giessen.

| | | | | | | |
|---|---|---|---|---|---|---|
| W.-S. 00/01 | | | | | | |
| 1760 | Hermann | Schudt | Rockenberg (Hessen) | Real-Gymn. Abiturient | Elbs | 11. Febr. 1901 |
| 1767 | Adolf | ter Cock | Amsterdam | | Elbs | 25. Febr. 1901 |
| 1765 | Kurt | Becker | Wiesbaden | Oberreal-schul-Abit. | Elbs | 5. März 1901 |
| 2751 | Jakob | Forssell | Stockholm | Real-Gymn. Abiturient | Elbs | 6. März 1901 |
| 1768 | Eduard | Schenk v. Schweinsberg | Giessen | Real-Gymn. Unterprima | Elbs | 7. März 1901 |
| 1766 | Reinhold | Zöckler | Giessen | Gymn. Abit. | Elbs | 7. März 1901 |
| S.-S. 01 | | | | | | |
| 1761 | Otto | Zohlen | Krefeld | Oberrealschule. Abit. | Elbs | 24. April 1901 |
| 1763 | Eduard | Stohr | Giessen | Real-Gymn. Abiturient | Elbs | 24. April 1901 |
| 1769 | Gustav | Wunderling | Magdeburg | Gymnasium Oberprima | Elbs | 10. Juli 1901 |
| 2752 | Rudolf | Strobach | Zeidler (Böhmen) | Abit. Staatsgewerbesch. Reichenberg | Elbs | 26. Juli 1901 |

## Physik.-Chem. Laboratorium der Universität Giessen.

Fortsetzung.

| Aufgedruckte No. der Zeugnisskarte | Vorname | Zuname | Geburtsort | Vorbildung | Examinatoren | Datum der Ausfertigung |
|---|---|---|---|---|---|---|
| W.-S. 01/02 | | | | | | |
| 2753 | F. W. | Rixon | Heywood | Abit. Manchester Higher Grade Board School | Elbs | 9. Dez. 1901 |
| 2755 | Oskar | Wünsch | Mannheim | Abiturient Real-Gymn. | Elbs | 4. März 1902 |
| 1770 | Karl | Kochendörffer | Offenbach | Abiturient Gymnasium | Elbs | 7. März 1902 |

## Chemisches Universitäts-Laboratorium Göttingen.

| | | | | | | |
|---|---|---|---|---|---|---|
| W.-S. 00/01 | | | | | | |
| 1973 | Paul | Kriesche | Göttingen | Abiturient Hum. Gymn. | Wallach | 30. Oct. 1900 |
| 1974 | Albert | Harzer | Deutsch Neudorf | Abiturient Real-Gymn. | Wallach | 30. Oct. 1900 |
| 1975 | Karl | Rumpf | Frankfurt a. M. | Abiturient Real-Gymn. | Wallach | 30. Oct. 1900 |
| 1976 | Friedrich | Tenhaeff | Wesel | Abiturient Oberrealschule | Wallach | 10. Dez. 1900 |
| 1977 | Adolf | Bullerdieck | Schledehausen | Abiturient Real-Gymn. | Wallach | 10. Dez. 1900 |
| 1978 | Leopold | Gräfenberg | Göttingen | Abiturient Hum. Gymn. | Wallach | 11. Dez. 1900 |
| 1979 | Erich | Siede | Elbing | Abiturient Real-Gymn. | Wallach | 11. Dez. 1900 |
| 1980 | Alexis | Finkelstein | Leipzig | Abiturient Hum. Gymn. | Wallach | 25. Febr. 1900 |
| 1981 | Erich | Brunner | Berlin | Abiturient Hum. Gymn. | Wallach | 25. Febr. 1901 |
| 1982 | Otto | Rahn | Tiegenhof | Abiturient Real-Gymn. | Wallach | 25. Febr. 1901 |
| 1983 | Godhard | Nachtigall | Hannover | Pharm. Staatsexam. Note I | Wallach | 25. Febr. 1901 |
| 1984 | Friedrich | Ulrici | Göttingen | Abiturient Hum. Gymn. | Wallach | 25. Febr. 1901 |
| S.-S. 01 | | | | | | |
| 1986 | Otto | Wilhelms | Eschweiler | Abiturient Hum. Gymn. | Wallach | 2. Mai 1901 |
| 1987 | Arthur | Scheunert | Dresden | Abiturient Real-Gymn. | Wallach | 2. Mai 1901 |
| 1988 | Johannes | Thede | Marnitz i. Meckl. | Abiturient Real-Gymn. | Wallach | 2. Mai 1901 |

## Chemisches Universitäts-Laboratorium Göttingen. Fortsetzung.

| Aufgedruckte No. der Zeugniss-karte | Vorname | Zuname | Geburtsort | Vorbildung | Examinatoren | Datum der Ausfertigung |
|---|---|---|---|---|---|---|
| S.-S. 01 | | | | | | |
| 1989 | Richard | Lucas | Jacksonville U. S. A. | Abiturient Real-Gymn. | Wallach | 2. Mai 1901 |
| 1990 | Max | Philippe | Schafstedt (Pr. Sachs.) | Abiturient Hum. Gymn. | Wallach | 2. Mai 1901 |
| 1991 | Richard | Schwarz | Floridsdorf b. Wien | Abit. höhere Staatsgew. Schule | Wallach | 10. Juni 1901 |
| 2017 | Wilhelm | Kettembeil | Leipzig | Abiturient Real-Gymn. | Ostwald Wallach | 10. Juni 1901 |
| 1740 | Gerhard | Lucas | Lippstadt | Abiturient Real-Gymn. | Stavenhagen Wallach | 10. Juni 1901 |
| 1996 | Alexander | Siemens | Braunschweig | Abiturient Hum. Gymn. | Wallach | 24. Juli 1901 |
| 1993 | Albertus | Pannenborg | Göttingen | Abiturient Hum. Gymn. | Wallach | 24. Juli 1901 |
| 1994 | Petros | Rhoussopoulos | Athen | Abiturient Hum. Gymn. | Wallach | 24. Juli 1901 |
| 1995 | Albert | Berkhout | Batavia | Abit. Hochschule Wageningen | Wallach | 24. Juli 1901 |
| W.-S. 01/02 | | | | | | |
| 1985 | Ulrich | Franke | Wernigerode | Abiturient Hum. Gymn. | Wallach | 28. Oct. 1901 |
| 1997 | Carl | Hüttner | Oldenburg | Abiturient Oberrealschule | Wallach | 28. Oct. 1901 |
| 1998 | Hermann | Schäfer | Wien | Abiturient Hum. Gymn. | Wallach | 12. Dez. 1901 |
| 1999 | Max | Spannagel | Iserlohn | Abiturient Real-Gymn. | Wallach | 12. Dez. 1901 |
| 2000 | Eugen | Seldis | Hamburg | Abiturient Real-Gymn. | Wallach | 12. Dez. 1901 |
| 2625 | Max | Levin | Göttingen | Abiturient Hum. Gymn. | Krafft Wallach | 12. Dez. 1901 |
| 3080 | Richard | Höfer | Emskirchen | Oberprima Hum. Gymn. | Wallach | 4. März 1902 |
| 3076 | Walter | Grimmer | Böhlen (Sachsen) | Abiturient Real-Gymn. | Wallach | 4. März 1902 |
| 3078 | Wilhelm | Kempe | Othfresen | Abiturient Hum. Gymn. | Wallach | 4. März 1902 |
| 3081 | Conrad | Merkwitz | Cletzen | Abiturient Hum. Gymn. | Wallach | 4. März 1902 |
| 3077 | Heinrich | Kühl | Oster Freia Schleswig | Abiturient Hum. Gymn. | Wallach | 4. März 1902 |
| 3079 | Paul | Behre | Stolzenen | Abiturient Hum. Gymn. | Wallach | 4. März 1902 |
| 3082 | John | Clinch | London | Univ. Coll. London | Wallach | 4. März 1902 |

## Institut für physikalische Chemie Göttingen.

| Aufgedruckte No. der Zeugnisskarte | Vorname | Zuname | Geburtsort | Vorbildung | Examinatoren | Datum der Ausfertigung |
|---|---|---|---|---|---|---|
| W.-S. 00/01 802 | Herbert B. | Moses | Boston | Privatschule bis zum 17. Lebensjahr in New York | Nernst Coehn | 27. Nov. 1900 |
| 803 | Regnar | Insulander | Philippstad | Polytechnic. Stockholm | Nernst | 19. Dez. 1900 |
| 804 | Samuel | Wikmark | Gothenburg | Polytechnic. Stockholm | Nernst | 11. Jan. 1901 |
| 801 | Charles | Thatcher | Easton | High School Easton Master of Science (M.S. Lafayette College) | Nernst | 14. Jan. 1901 |

## Agricultur-chemisches Laboratorium der Universität Göttingen.

| | | | | | | |
|---|---|---|---|---|---|---|
| W.-S. 00/01 1580 | A. J. | Gibson | Brisbane (Queensland) | Grammar-school Real-Gymn. | Tollens | 10. Nov. 1900 |
| 1581 | B. B. | Ross | Tuskegee (Ala.) Ver. St. Am. | Alabama polytechn. Institut | Tollens | 15. Jan. 1901 |
| 1582 | J. | Peim | Schadow (Russland) | — | Tollens | 6. März 1901 |

## Chemisches Institut der Universität Greifswald.

| | | | | | | |
|---|---|---|---|---|---|---|
| W.-S. 00/01 2677 | Wilhelm | Wenzel | Kamin (Westpr.) | Hum.-Gymn. Abiturient | H. Schwanert K. Auwers | 30. Jan. 1901 |
| S.-S. 01 2676 | Walter | Sorkau | Danzig | Hum.-Gymn. Abiturient | K. Auwers H. Schwanert | 20. Juli 1901 |
| W.-S. 01/02 2678 | Robert | Knauer | Mattierzoll | Real-Gymn. Abiturient | K. Auwers | 5. Dec. 1901 |
| 716 | Gustav | Keil | Pyritz | Hum.-Gymn. Obersecunda excl. | H. Schwanert K. Auwers | 11. Dec. 1901 |
| 2680 | Richard | Bondy | Ledetsch (Böhmen) | Handels-Akademie Prag Abit. | K. Auwers | 26. Febr. 1902 |

## Chemisches Institut der Universität Greifswald.

Fortsetzung.

| Auf-gedruckte No. der Zeugniss-karte | Vorname | Zuname | Geburtsort | Vorbildung | Examinatoren | Datum der Ausfertigung |
|---|---|---|---|---|---|---|
| W.-S. 01/02 | | | | | | |
| 717 | Karl | Kipke | Breslau | Real-Gymn. Abiturient | H. Schwanert K. Auwers | 28. Febr. 1902 |
| 2787 | Alfred | Schrenk | Biala | Österr.Staats-Gewerbe-schule absolviert, aber ohneSchluss-examen | Engler K. Auwers | 28. Febr. 1902 |

## Chemisches Institut der Universität Halle a. S.

| | | | | | | |
|---|---|---|---|---|---|---|
| W.-S. 00/01 | | | | | | |
| 2576 | Albert | Wangerin | Berlin | Hum. Gymn. | Volhard | 6. Dec. 1900 |
| 2577 | Franz | Köthner | Berlin | * | Volhard | 6. Dec. 1900 |
| 2578 | Wilhelm | Neelmeier | Landwehr (Pr. Hess.-Nass.) | Hum. Gymn. | Volhard | 6. Dec. 1900 |
| 2579 | Max | Popp | München-Gladbach | Hum. Gymn. | Volhard | 10 Dec. 1900 |
| 2580 | Hans | Volkholz | Berlin | Hum. Gymn. | Volhard | 10. Dec. 1900 |
| 2581 | Anton | Hoblik | Deutsch-Kahn (Böhmen) | * | Volhard | 17. Dec. 1900 |
| 2582 | Otto | Lantzsch | Jessnitz (Anh.) | * | Volhard | 27. Febr. 1901 |
| 2583 | Georg | Blau | Halle a. S. | Oberreal-schule | Volhard | 1. März 1901 |
| 2584 | Paul | Gröbel | Halle a. S. | Hum. Gymn. | Volhard | 1. März 1901 |
| 2585 | Ferdinand | Münter | Halle a. S. | * | Volhard | 4. März 1901 |
| 2586 | Hans | Otto | Halle a. S. | Hum. Gymn. | Volhard | 5. März 1901 |
| S.-S. 01 | | | | | | |
| 2587 | Wilhelm | Zachert | Köln-Deutz | * | Volhard | 30. April 1901 |
| 2588 | Kurt | Hübner | Halle a. S. | Hum. Gymn. | Volhard | 3. Mai 1901 |
| 2589 | Karl | Dahlem | Damm | Oberreal-schule | Volhard | 14. Juni 1901 |
| 2590 | Heinrich | Witter | Merseburg | * | Volhard | 19. Juni 1901 |
| 2591 | Walter | Kuhlow | Halle a. S. | * | Volhard | 11. Juli 1901 |
| 2592 | Heinrich | Röver | Teutschen-thal | * | Volhard | 30. Juli 1901 |
| 2593 | Ernst | Aeuer | Rellingen Pr. Schlesw.-Holst. | Hum. Gymn. | Volhard | 1. Aug. 1901 |
| 2594 | Oscar | Apelt | Torna (Pr. Sachs.) | Hum. Gymn. | Volhard | 1. Aug. 1901 |

## Chemisches Institut der Universität Halle a. S.

Fortsetzung.

| Aufgedruckte No. der Zeugniss-karte | Vorname | Zuname | Geburtsort | Vorbildung | Examinatoren | Datum der Ausfertigung |
|---|---|---|---|---|---|---|
| W.-S. 01/02 | | | | | | |
| 2595 | Willy | Gittel | Halle a. S. | Hum. Gymn. | Volhard | 19. Nov. 1901 |
| 2451 | Walter | Mielecke | Buchow | Real-Gymn. | Doebner | 14. Jan. 1902 |
| 2596 | Heinrich | v. Liebig | München | Hum. Gymn. | Doebner | 31. Jan. 1902 |
| 2597 | Gustav | Metge | Jerxheim (Braunschw.) | Hum. Gymn. | Doebner | 7. Febr. 1902 |
| 2598 | Karl | Tubandt | Halle a. S. | Oberreal-schule | Doebner | 14. Febr. 1902 |
| 2599 | Rudolf | Ohnesorge | Saratow (Russland) | * | Doebner | 21. Febr. 1902 |
| 2600 | Johannes | Blau | Halle a. S. | * | Doebner | 21. Febr. 1902 |
| 3376 | Wera | Krilit-schowsky | Odessa | * | Doebner | 21. Febr. 1902 |
| 3377 | Curt | Regel | Gera | * | Doekner | 22. Febr. 1902 |
| 3378 | Wilhelm | Paege | Halle a. S. | * | Doebner | 3. März 1902 |
| 3379 | Walter | Hilger | Danzig | * | Doebner | 20. Febr. 1902 |
| 3380 | Friedrich | Flade | Arolsen | Real-Gymn. | Doebner | 3. März 1902 |
| 3381 | Ottilie | Jakowkina | Odessa | * | Doebner | 3. März 1902 |

## Technische Hochschule Hannover. Laboratorium für Anorganische Chemie.

| | | | | | | |
|---|---|---|---|---|---|---|
| W.-S. 00/01 | | | | | | |
| 241 | Hugo | Klatt | Elbing | Real-Gymn. Abiturient | Seubert | 2. Nov. 1900 |
| S.-S. 01 | | | | | | |
| 858 | Wilhelm | Scheuer | Hannover | Gymnas. Abiturient | Seubert | 17. April 1901 |
| 2659 | Gerhard | Stalmann | Soltau | Gymnas. Abiturient | Seubert | 18. April 1901 |
| 245 | Hans | Beer | Chicago | Real-Gymn. Unterprima | Seubert | 22. April 1901 |
| 798 | Karl | Beer | Chicago | Real-Gymn. Unter-secunda | Seubert | 22. April 1901 |
| 2660 | Curt | Käppler | Deuben bei Dresden | Real-Gymn. Abiturient | Seubert | 14. Mai 1901 |
| W.-S. 01/02 | | | | | | |
| 2658 | Eberhard | Meyer | Döhren bei Hannover | Gymnas. Abiturient | Seubert | 22. Oct. 1901 |

# Universitäts-Laboratorium Heidelberg.

| Aufgedruckte No. der Zeugnisskarte | Vorname | Zuname | Geburtsort | Vorbildung | Examinatoren | Datum der Ausfertigung |
|---|---|---|---|---|---|---|
| S.-S. 00 1125 | **Hans** | **Keller** | Düren | Matur. Oberrealschule | Curtius | 27. Juli 1900 |
| W.-S. 00/01 1635 | **Friedrich** | **Steiner** | Weingarten | Real - Gymn. bis IIb incl. | Hilger Curtius | 2. Nov. 1900 |
| 424 | **Leo** | **Kraft** | Fürth i. Bayern | Industrieschule — II. Kurs. | Städel Curtius | 8. Nov. 1900 |
| 739 | **Max** | **Amos** | Stuttgart | Hum. Gymn. bis IIb incl. | v. Pechmann Curtius | 8. Nov. 1900 |
| 1123 | **Gustav** | **Niemann** | Lingen | Hum. Gymn. bis Ib | Curtius | 27. Nov. 1900 |
| 1135 | **David** | **Aufhäuser** | Öttingen | Bayr. Industrieschule absolv. | Curtius | 27. Nov. 1900 |
| 1636 | **Friedrich** | **Tetzner** | Hasserode | Real-Gymn. bis IIb incl. | Hilger Curtius | 12. Dec. 1900 |
| 2624 | **Friedrich** | **Mayer** | Hagenbach | Industrieschule absolv. | Krafft Curtius | 19. Dec. 1900 |
| 1138 | **Ludwig** | **Hussong** | Webenheim | Hum. Gymn. bis IIb incl. | Curtius | 11. Jan. 1901 |
| 1652 | **Hermann** | **Bollenbach** | Kreimbach | Hum. Gymn. absolv. | O. Fischer Curtius | 11. Jan. 1901 |
| 1130 | **Friedrich** | **Albert** | Lachem | Einj.-Examen | Curtius | 18. Jan. 1901 |
| 1134 | **Hermann** | **Wewer** | Metz | Real-Gymn. absolv. | Curtius | 25. Jan. 1901 |
| 1144 | **Erich** | **Ebler** | Mannheim | Real-Gymn. absolv. | Curtius | 5. Febr. 1901 |
| 1153 | **Otto** | **Strumpf** | Moederau | Real-Progymn. bis IIb incl. | Curtius | 5. Febr. 1901 |
| 1143 | **Gustav** | **Münch** | Ludwigshafen a. Rh. | Oberrealschule absolv. | Curtius | 12. Febr. 1901 |
| 1146 | **Wadin** | **v. Reussner** | Petersburg | Russ. Realschule absolv. | Curtius | 20. Febr. 1901 |
| 1155 | **Leo** | **Guttmann** | Wien | Engl. Privatschule | Curtius | 5. März 1901 |
| 1156 | **Otto** | **Biach** | Brünn | Hum. Gymn. absolv. | Curtius | 5. März 1901 |
| S.-S. 01 1148 | **Eduard** | **Münch** | Strassebersbach | Real-Gymn. bis IIb incl. | Curtius | 1. Mai 1901 |
| 1167 | **Johannes** | **Schilling** | Köln | Hum. Gymn. bis IIb incl. | Curtius | 1. Mai 1901 |
| 1141 | **Friedrich** | **Sauvin** | Braunschweig | Real-Gymn. bis IIb incl. | Curtius | 6. Mai 1901 |

## Universitäts-Laboratorium Heidelberg.

Fortsetzung.

| Aufgedruckte No. der Zeugniss-karte | Vorname | Zuname | Geburtsort | Vorbildung | Examinatoren | Datum der Ausfertigung |
|---|---|---|---|---|---|---|
| S.-S. 01 | | | | | | |
| 1158 | Johannes | Franke | Magdeburg | Hum. Gymn. bis Ib | Curtius | 20. Mai 1901 |
| 1149 | Wilhelm | Bettges | Meiderich | Real-Gymn. bis IIb incl. | Curtius | 20. Mai 1901 |
| 1117 | Otto | Haack | Trarbach | Hum. Gymn. absolv. | Curtius | 22. Mai 1901 |
| 1164 | Hans | Schuch | Lechhausen | Hum. Gymn. bis IIb incl. | Curtius | 5. Juni 1901 |
| 1159 | Max | Mayer | Ulm | Hum. Gymn. absolv. | Curtius | 5. Juni 1901 |
| 1152 | Alfred | Leonhard | Neckarhausen | Hum. Gymn. bis Ib | Curtius | 28. Juni 1901 |
| 1160 | Wilhelm | Senger | Buchenberg | Hum. Gymn. absolv. | Curtius | 28. Juni 1901 |
| 2153 | Karl | Kof | Lützen | Realschule absolv. | Beckmann Curtius | 15. Juli 1901 |
| 2155 | Hugo | Haehn | Herzberg | Realschule absolv. | Beckmann Curtius | 15. Juli 1901 |
| 900 | Hermann | Huss | Stuttgart | Hum. Gymn. bis IIa incl. | Hell Curtius | 23. Juli 1901 |
| 1136 | August | Busch | La Rochelle | Lateinlose Realschule absolv. | Curtius | 31. Juli 1901 |
| W.-S. 01/02 | | | | | | |
| 2679 | Walter | Donselt | Jarmen | Real-Gymn. bis IIa incl. | Auwers Curtius | 31. Okt. 1901 |
| 1169 | Charles Florent | van der Linde | Dortrecht | Holländ. Höh Bürgerschule | Curtius | 6. Nov. 1901 |
| 1140 | Christian | Ohlgart | Mainz | Privatschule absolv. Einj. | Curtius | 6. Nov. 1901 |
| 1192 | James H. | Walton | Deer Isle Maine U. S. A. | New-Berryport High School | Curtius | 13. Nov. 1901 |
| 1193 | John W. | Browne | Rys New-Hampshire U. S. A. | New-Berryport High School | Curtius | 13. Nov. 1901 |
| 1170 | Simon | Margolinsky | Kuckuswalde | Real-Gymn. bis IIb incl. | Curtius | 19. Nov. 1901 |
| 1173 | Ignatz | Weinmayr | Landshut | Hum. Gymn. bis IIb incl. | Curtius | 19. Nov. 1901 |
| 1185 | Alfred | Goldberg | Rayeza | Einj.-Zeugn. Oesterr. Staatsgewerbeschule absolv. | Curtius | 4. Dez. 1901 |
| 1166 | Hans | Curtius | Duisburg | Hum. Gymn. bis Ib incl. | Curtius | 13. Dez. 1901 |

## Universitäts-Laboratorium in Heidelberg.

Fortsetzung.

| Aufgedruckte No. der Zeugniss-karte | Vorname | Zuname | Geburtsort | Vorbildung | Examinatoren | Datum der Ausfertigung |
|---|---|---|---|---|---|---|
| W.-S. 01/02 | | | | | | |
| 1221 | Rudolph | Greeff | Barmen | Real-Gymn. absolv. | Willgerodt Curtius | 13. Dez. 1901 |
| 1172 | Christian | Schätzlein | Ludwigshafen a. Rh. | Deutsche Oberrealschule absolv. | Curtius | 19. Dez. 1901 |
| 1176 | Joseph | Deschauer | Frankfurt a. M. | Hum. Gymn. absolv. | Curtius | 19. Dez. 1901 |
| 1133 | Friedrich | Wiengreen | Hamburg | Real-Gymn. bis Ia incl. | Curtius | 8. Jan. 1902 |
| 1161 | Max | Fortner | Freising | Hum. Gymn. bis IIa incl. | Curtius | 8. Jan. 1902 |
| 1180 | Fritz | Goldstein | Kattowitz | Hum. Gymn. bis IIb incl. | Curtius | 15. Jan. 1902 |
| 1177 | Hermann | Hermannsdörfer | Weissenburg | Oberrealschule absolv. | Curtius | 29. Jan. 1902 |
| 2777 | Richard | Pohl | Neunkirchen | Hum. Gymn. bis IIa incl. | Curtius | 7. Febr. 1902 |
| 2655 | Otto | Klucke | Ostharingen | Hum. Gymn. bis IIa incl. | Curtius | 17. Febr. 1902 |
| 1181 | Heinrich | Gockel | Mosbach | Hum. Gymn. absolv. | Curtius | 24. Febr. 1902 |
| 1178 | Adolf | Stadel | Mannheim | Real-Gymn. absolv. | Curtius | 4. März 1902 |
| 3228 | Richard | Vetterlein | Culmitzsch | Real-Gymn. bis Ib | Curtius | 4. März 1902 |
| 1165 | Walter | Möhring | Hamburg | Hum. Gymn. absolv. | Curtius | 6. März 1902 |

## Laboratorium des Prof. F. Krafft in Heidelberg.

| | | | | | | |
|---|---|---|---|---|---|---|
| W.-S. 00/01 | | | | | | |
| 2601 | Carl | Krell | Meiningen | Abiturient Real-Gymn. | F. Krafft | 14. Dez. 1900 |
| 1365 | Fritz | Jacobsthal | Colmar | Hum. Progymn. u. höh. Handelsschule | F. Krafft | 21. Dez. 1900 |
| 2602 | Heinrich | Umber | Wiesbaden | Real-Gymn. IIa | F. Krafft | 8. Febr. 1901 |
| 2603 | Friedrich | Fischer | Ummerstadt | Abiturient d. Industrieschule | F. Krafft | 4. März 1901 |

## Laboratorium des Prof. F. Krafft in Heidelberg.

Fortsetzung.

| Aufgedruckte No. der Zeugnisskarte | Vorname | Zuname | Geburtsort | Vorbildung | Examinatoren | Datum der Ausfertigung |
|---|---|---|---|---|---|---|
| W.-S. 00/01 | | | | | | |
| 2604 | Hans | Stiegeler | Bebenhausen | Abiturient d. Industrieschule | F. Krafft | 4. März 1901 |
| 2605 | Eduard | Brenner | Wiesbaden | Abiturient d. Real-Gymn. | F. Krafft | 7. März 1901 |
| S.-S. 00 | | | | | | |
| 2606 | Paul | Schorn | Magdeburg | Abit. 9klass. Realschule | F. Krafft | 28. Juni 1901 |
| 2607 | Otto | Dalmbert | Frankfurt a. M. | Abiturient Hum. Gymn. | F. Krafft | 15. Juli 1901 |
| 2551 | Hugo | Schliessmann | Stuttgart | Gymn. Einj. Fr. Zgs. | Hell F. Krafft | 15 Juli 1901 |
| 2609 | Siegfried | Freund | Ratibor | Gymn. Einj. Fr. Zgs. | F. Krafft | 22. Juli 1901 |
| 2610 | Fritz | Lydtin | Eppingen | Apotheker Gymn. IIa | F. Krafft | 2. Aug. 1901 |
| 2611 | Karl | Erdmann | Köln a. Rh. | Real-Gymn. Ib | F. Krafft | 2. Aug 1901 |
| W.-S. 01/02 | | | | | | |
| 2612 | Erik | Green | Providence (U. S. A.) | Diplom der Univ. School | F. Krafft | 18. Nov. 190 |
| 2613 | Fritz | Acker | Weissenburg | Oberrealschule IIa | F. Krafft | 17. Dez. 1901 |
| 2614 | Lucian | Dürr | Colmar | Abiturient Hum. Gymn. | F. Krafft | 28. Febr. 1902 |
| 2615 | Martin | Schreiber | Posen | Gymn. bis IIa; Apotheker | F. Krafft | 28. Febr. 1902 |
| 2616 | Max | Haase | Posen | Real-Gymn bis IIa; Apotheker | F. Krafft | 28. Febr. 1902 |
| 2617 | Josef | Schmittmann | Düsseldorf | Gymn. bis IIa; Apotheker | F. Krafft | 23. Jan. 1902 |
| 2618 | Karl | Keller | Darmstadt | Abiturient Real-Gymn. | F. Krafft | 5. März 1902 |
| 2619 | Kurt | Schmidt | Kelbra | Gymn. Prima $1^1/_2$ Jahre | F. Krafft | 22. Febr. 1902 |
| 2620 | Walter | Sendele | Heidelberg | Realsch. IIa | F. Krafft | 28. Febr. 1902 |
| 3425 | Ignaz | Schultz | Herxheim | Realschule | F. Krafft | 21. Febr. 1902 |

## Chemisches Laboratorium der Universität Jena.

| | | | | | | |
|---|---|---|---|---|---|---|
| W.-S. 00/01 | | | | | | |
| 2209 | Otto | Schwabe | Buttlar | Absolv. des Real-Gymn. | Knorr | 2 Nov. 1900 |
| 2210 | Paul | Krüger | Grünberg | Absolv. des Real-Gymn. | Knorr | 12. Nov. 1900 |

## Chemisches Laboratorium der Universität Jena.

Fortsetzung.

| Aufgedruckte No. der Zeugnisskarte | Vorname | Zuname | Geburtsort | Vorbildung | Examinatoren | Datum der Ausfertigung |
|---|---|---|---|---|---|---|
| W.-S. 00/01 | | | | | | |
| 2211 | Henry W. | Brownsdon | Liverpool | University College | Knorr | 26. Febr. 1901 |
| 2212 | Hans | Kopitzsch | Weimar | Absolv. des Real-Gymn. | Knorr | 6. März 1901 |
| S.-S. 01 | | | | | | |
| 2213 | Fritz | Rahm | Züllichau | Absolv. des Real-Gymn. | Knorr | 17. Mai 1901 |
| 2214 | Archibald | Hall | Liverpool | University College | Knorr | 23. Mai 1901 |
| W.-S. 01/02 | | | | | | |
| 2215 | Maximilian | Sprockhoff | Frankfurt a. O. | Absolv. des hum. Gymn. | Knorr | 24. Febr. 1902 |
| 2216 | John | Hawthorne | Kircubbin (Irland) | University College | Knorr | 26. Febr. 1902 |
| 2344 | Eugen | Steuer | Neustadt a. H. | Absolv. des hum. Gymn. | Knorr | 26. Febr. 1902 |

## Chemisches Laboratorium der Technischen Hochschule zu Karlsruhe.[1])

| | | | | | | |
|---|---|---|---|---|---|---|
| W.-S. 00/01 | | | | | | |
| 1399 | Alfred | Hassler | Aarau | Cantonschule | Engler | 1. Nov. 1900 |
| S.-S. 01 | | | | | | |
| 2779 | Heinrich | Broniatowski | Czenstochau | Abiturient Gymnas. | Engler | 15. Mai 1901 |
| 2782 | Michael | Rosenmann | Plozk | Abiturient Gymnas. | Engler | 23. Juli 1901 |

## Universitäts-Laboratorium Kiel.

| | | | | | | |
|---|---|---|---|---|---|---|
| W.-S. 00/01 | | | | | | |
| 2177 | Fritz | Sieden | Friedrichsstadt | Abiturient Hum. Gymn. | L. Claisen | 2. Nov. 1900 |
| 2178 | Thankmar | Arnd | Weimar | Abiturient Hum. Gymn. | L. Claisen | 14. Nov. 1900 |
| 1970 | Otto | Mumm | Oldenburg (Holstein) | Abiturient Real-Gymn. | L. Claisen | 1. März 1901 |
| 2180 | Siegfried | Töche-Mittler | Berlin | Abiturient Hum. Gymn. | L. Claisen | 1. März 1901 |
| 2183 | Emil | Stülcken | Lübeck | Hum. Gymn. bis Obersecunda | L. Claisen | 7. März 1901 |

[1]) Die Namen der Candidaten, welche durch ihre Diplomprüfung die Berechtigung auf Verbandszeugnisse erlangt haben, sind hier nicht aufgeführt. Siehe die Liste der Doctordissertationen von Karlsruhe.

## Universitäts-Laboratorium Kiel.

Fortsetzung.

| Aufgedruckte No. der Zeugniss-karte | Vorname | Zuname | Geburtsort | Vorbildung | Examinatoren | Datum der Ausfertigung |
|---|---|---|---|---|---|---|
| W.-S. 00/01 | | | | | | |
| 2184 | Arthur | Höhne | Wohlau (Schlesien) | Hum. Gymn. bis Obersekunda | L. Claisen | 7. März 1901 |
| S.-S. 01 | | | | | | |
| 2179 | Erich | Stenger | Aschaffenburg | Abiturient Hum. Gymn. | Rügheimer | 29. Juli 1901 |
| 2181 | Fritz | Heymann | Berlin | Abiturient Hum. Gymn. | Rügheimer | 29. Juli 1901 |
| W.-S. 01/02 | | | | | | |
| 2185 | Cornelius | Jensen | Bohmstedt | Abiturient Hum. Gymn. | L. Claisen | 18. Nov. 1901 |
| 2175 | Otto | Wenglein | München | Abiturient Hum. Gymn. | L. Claisen | 18. Nov. 1901 |
| 2182 | Wilhelm | Giese | Altona | Abiturient Real-Gymn. | L. Claisen | 2. Dec. 1901 |
| 2188 | Ernst | Küppers | Kirn a. d. Nahe | Abiturient Real-Gymn. | L. Claisen | 3. März 1902 |
| 2189 | Hans | Veragut | Chur (Schweiz) | Abiturient Hum. Gymn. | L. Claisen | 7 März 1902 |

## Chemisches Laboratorium der Universität Königsberg.

| | | | | | | |
|---|---|---|---|---|---|---|
| W.-S. 00/01 | | | | | | |
| 2034 | Max | Niehrenheim | Germau (Ostpreuss.) | Apotheker | Lossen | 17. Dec. 1900 |
| 2035 | Erwin | Hoppe | Bromberg | Apotheker | Lossen | 17. Dec. 1900 |
| 2036 | Hans | Staffelstein | Wehlau (Ostpreuss.) | Apotheker | Lossen | 17. Dec. 1900 |
| 2038 | Erich | Röckner | Dirschau | Real-Gymn. Abiturient | Lossen | 19. Dec. 1900 |
| 2039 | Otto | Lossen | Dresden | Gymnasial-Abiturient | Lossen | 19. Dec. 1900 |
| 2040 | Wilhelm | Fietkau | Königsberg | Real-Gymn. Abiturient | Lossen | 14. Jan. 1901 |
| 2041 | Willy | Wrobel | Passenheim (Ostpreuss.) | Gymnasial-Abiturient | Lossen | 16. Febr. 1901 |
| 2042 | Willy | Glogau | Königsberg | Real-Gymn. Abiturient | Lossen | 28. Febr. 1901 |
| S.-S. 01 | | | | | | |
| 2043 | Georg | Plenske | Stettin | Gymnasium bis Oberprima | Lossen | 9. Mai 1901 |
| 450 | Leo | Sambraus | Tilsit | Real-Gymn. Abiturient | Lossen | 20. Mai 1901 |
| 2044 | Leo | Kob | Kraplau (Ostpreuss.) | Gymnasial-Abiturient | Lossen | 19. Juli 1901 |

## Chemisches Laboratorium der Universität Königsberg.

Fortsetzung.

| Aufgedruckte No. der Zeugnisskarte | Vorname | Zuname | Geburtsort | Vorbildung | Examinatoren | Datum der Ausfertigung |
|---|---|---|---|---|---|---|
| W.-S. 01/02 | | | | | | |
| 2045 | Ernst | Salkowski | Wangeninken (Ostpreussen) | Real-Gymn. Abiturient | Lossen | 2. Dec. 1901 |
| 2046 | Walther | Rimarski | Bialla (Ostpreussen) | Gymnasium bis Unterprima incl. | Lossen | 4. Dec. 1901 |
| 2047 | Carl | Dorno | Königsberg i. Pr. | Gymnasial-Abiturient | Lossen | 22. Febr. 1902 |
| 2048 | Max | Leopold | Königsberg i. Pr. | Apotheker | Lossen | 22. Febr. 1902 |
| 2050 | Curt | Kornatz | Wehlau (Ostpreussen) | Gymnasial-Abiturient | Lossen | 22. Febr. 1902 |
| 2851 | Johannes | Wellmer | Saalfeld (Ostpreussen | Gymnasial-Abiturient | Lossen | 24. Febr. 1902 |

## Pharm.-chem. Laboratorium der Albertus-Universität zu Königsberg i. Pr.

| | | | | | | |
|---|---|---|---|---|---|---|
| S.-S. 98 | | | | | | |
| 492 | Hans | Wangnick | Wachsnicken | Apotheker | Klinger | 1. Aug. 1898 |
| W.-S. 98/99 | | | | | | |
| 493 | Hans | Friedrich | Königsberg | Apotheker | Klinger | 29. Jan. 1899 |
| 494 | Georg | Berg | Heiligenbeil | Apotheker | Klinger | 29. Jan. 1899 |
| 495 | Emil | Scheschwski | Eydtkuhnen | Apotheker | Klinger | 29. Jan. 1899 |
| 496 | Walter | Roerdansz | Ragnit | Apotheker | Klinger | 28. Febr. 1899 |
| S.-S. 01 | | | | | | |
| 497 | Walter | Kratzer | Danzig | Gymnasial-Abiturient u. Apotheker | Klinger | 18. Juni 1901 |
| 498 | Ernst | Wronka | Königsberg | Apotheker | Klinger | 12. Aug. 1901 |
| W.-S. 01/02 | | | | | | |
| 499 | Georg | Haese | Königsberg | Apotheker | Klinger | 17. Dec. 1901 |
| 500 | Friedrich | Todtenhaupt | Seligenfeld | Apotheker | Klinger | 28. Jan. 1902 |
| 3351 | Kurt | Elias | Danzig | Apotheker | Klinger | 26. Febr. 1902 |
| 3352 | Ernst | Mokath | Königsberg | Apotheker | Klinger | 26. Febr. 1902 |
| 3353 | Walter | Rothe | Küstrin | Apotheker | Klinger | 27. Febr. 1902 |
| 3354 | Ernst | Bogdahn | Königsberg | Apotheker | Klinger | 3. März 1902 |

# I. Chemisches Universitäts-Laboratorium Leipzig.

| Aufgedruckte No. der Zeugnisskarte | Vorname | Zuname | Geburtsort | Vorbildung | Examinatoren | Datum der Ausfertigung |
|---|---|---|---|---|---|---|
| W.-S. 00/01 | | | | | | |
| 1565 | Hans Arthur | Volland | Leipzig | Geprüfter Apotheker Note I | Wislicenus | 24. Oct. 1900 |
| 1566 | Hermann Max Johannes | Fleck | Eisenberg (S.-Altenb.) | Matur. Gymn. | Wislicenus | 10. Dec. 1900 |
| 1567 | Erich Alexander | Kronholz | Altenburg | Matur. Gymn. | Wislicenus | 11. Jan. 1901 |
| 1549 | Karl Friedrich | Kautzsch | Leipzig | Realschule Leipzig Schlusszeugniss | Wislicenus | 11. Febr. 1901 |
| S.-S. 01 | | | | | | |
| 1569 | Karl Gustav | Coutelle | Elberfeld | Matur. Gymn. | Wislicenus | 24. April 1901 |
| 1570 | Gustav Rudolf | Schubert | Zwickau | Matur. Gymn. | Wislicenus | 29. April 1901 |
| 1571 | Hermann Rudolf Heinrich | von der Heide | Altona | Matur. Gymn. | Wislicenus | 10 Mai 1901 |
| 1572 | Fritz | Scharf | Eckartsberga | Matur. Gymn. | Wislicenus | 26. Juni 1901 |
| 1573 | Arnold Wilh. Hermann | Esmann | Berlin | Diplom der techn. Hochschule Charlottenburg | Wislicenus | 29. Juli 1901 |
| W.-S. 01/02 | | | | | | |
| 1574 | Fritz Alfred | Burmeister | Leipzig | Matur. Real-Gymn. | Wislicenus | 5. Nov. 1901 |
| 1575 | Friedrich Karl | Rentsch | Leipzig | Matur. Real-Gymn. | Wislicenus | 12. Nov. 1901 |
| 3301 | Rudolf | Nettel | Tiefenbach (Böhmen) | Matur. Hum. Gymn. | Wislicenus | 19. Nov. 1901 |
| 3302 | John Irvin | Scott | Tweedmouth (England) | Universität Oxford | Wislicenus | 2. Dec. 1901 |
| 3303 | Kurt Bruno Arnold | Kohlmann | Leipzig | Matur. Realgymnasium | Wislicenus | 14. Jan. 1902 |
| 3304 | Ludwig Wilhelm | Fritzsche | Leipzig | Matur. Realgymnasium | Wislicenus | 29 Jan. 1902 |
| 3306 | Oskar Richard | Eckert | Dresden | Apotheker Note I | Wislicenus | 13. Febr. 1902 |
| 3307 | Joseph James | Wilson | Moffal (Schottland) | Universität Edinburgh | Wislicenus | 19. Febr. 1902 |
| 2657 | Arthur | Zitscher | Hannover | Matur. Real-Gymnasium | Seubert u. Wislicenus | 20. Febr. 1900 |
| 3308 | Gustav Adolf | Berthold | Chemnitz | Höhere Handelsschule Leipzig Mat. | Wislicenus | 25. Febr. 1902 |
| 3309 | Waldemar Wilhelm Eugen | v. Bongé | Ehrenbreitenstein | Officiersexamen | Wislicenus | 1. März 1902 |

## Physik.-chem. Institut der Universität Leipzig.

| Aufgedruckte No. der Zeugnisskarte | Vorname | Zuname | Geburtsort | Vorbildung | Examinatoren | Datum der Ausfertigung |
|---|---|---|---|---|---|---|
| W.-S. 00/01 | | | | | | |
| 2009 | Johann | v. Lany | Cernilow | Pharm. Staatsexam. | Ostwald | 3. Dec. 1900 |
| 2021 | Miles S. | Sherrill | Louisville Ky. | Academy Andower Mass. | Ostwald | 18. Dec. 1900 |
| 2012 | Heinrich | Behrens | Hannover | Pharm. Staatsexam. | Ostwald | 19. Jan. 1901 |
| 2013 | Georg | Jaffé | Moskau | Gymnasial-Abiturient | Ostwald | 31. Jan. 1901 |
| 2014 | Gustav | Geffcken | Lübeck | Gymnasial-Abiturient | Ostwald | 31. Jan. 1901 |
| 2016 | Edgar | v. Pickardt | Riga | Gymnasial-Abiturient | Ostwald | 12. Febr. 1901 |
| 2019 | Herbert | Freundlich | Charlottenburg | Gymnasial-Abiturient | Ostwald | 12. Febr. 1901 |
| 2024 | Arthur A. | Blanchard | Boston | High School Newton | Ostwald | 21. Febr. 1901 |
| 2020 | Ludwig | Horwitz | Warschau | Gymnasial-Abiturient | Ostwald | 4. März 1901 |
| 2022 | Waldemar | Conrad | Halle a. S. | Gymnasial-Abiturient | Ostwald | 4. März 1901 |
| S.-S. 01 | | | | | | |
| 2030 | Friedrich | Cottrell | Oakland (Californien) | High School Oakland | Ostwald | 22. Mai 1901 |
| 2025 | Felix | Hildebrandt | Wartenburg | Gymnasium Untersecunda absolv. | Ostwald | 19. Juli 1901 |
| W.-S. 00/02 | | | | | | |
| 2937 | George | Senter | Kildrummy (Schottland) | Parish School Kildrummy | Ostwald | 31. Jan. 1902 |
| 2938 | Arthur | Slater | Burton on T. | Grammar School Burton | Ostwald | 31. Jan. 1902 |
| 2827 | Paul | Brock | Hamburg | Real-Gymn.-Abiturient | Ostwald | 5. März 1902 |

## Laboratorium für angewandte Chemie der Universität Leipzig.

| | | | | | | |
|---|---|---|---|---|---|---|
| W.-S. 00/01 | | | | | | |
| 2156 | Arthur | Erler | Real-Gymn. Handelslehranst. bis einj. freiw. Dienst | Leipzig | E. Beckmann | 30. Oct. 1900 |

## Laboratorium für angewandte Chemie der Universität Leipzig. Fortsetzung.

| Aufgedruckte No. der Zeugniss-karte | Vorname | Zuname | Geburtsort | Vorbildung | Examinatoren | Datum der Ausfertigung |
|---|---|---|---|---|---|---|
| W.-S. 00/01 | | | | | | |
| 2157 | Emil | Gerber | Lengenfeld i. Vogtl. | Real-Gymn. bis einj. freiw. Dienst Pharm. St.-Examen Note I | E. Beckmann | 30. Oct. 1900 |
| 2158 | Arthur | Lobeck | Görlitz | Hum. Gymn. bis einj. freiw. Exam. Pharm. St.-Examen Note I | E. Beckmann | 7. Nov. 1900 |
| 2159 | Rudolf | Tiemann | Dessau (Anhalt) | Hum. Gymn. bis einj. freiw. Exam. Pharm. St.-Examen Note I | E. Beckmann | 7. Nov. 1900 |
| 2160 | Robert | Pabst | Nürnberg | Hum. Gymn. Abiturient | E. Beckmann | 9. Nov. 1900 |
| 2161 | Johannes | Scheiber | Nordhausen a. Harz | Real-Gymn. Abiturient | E. Beckmann | 29. Nov. 1900 |
| 2163 | Gottwalt | Römwolt | Sandersleben | Hum. Gymn. 1/2 Jahr Obersecunda Pharm. St.-Examen Note I | E. Beckmann | 5. Febr. 1901 |
| 2165 | Wilhelm | Stadler | Szombathely (Ungarn) | Abiturient d. Oberreal-schule in Sopron (Ungarn) | E. Beckmann | 1. März 1901 |
| 2166 | Günther | Lüken | Köln a. Rh. | 1/4 Jahr Obersecunda Real-Gymn. Pharm. St.-Examen Note I | E. Beckmann | 5. März 1901 |
| 2168 | Paul | Borisch | Forst (Lausitz) | Abiturient d. Real-Gymn. | E. Beckmann | 7. März 1901 |
| 2876 | Curt | Fischer | Neisse a. N. | Hum. Gymn. 11 Monate Obersecunda Pharm. St.-Examen Note I | E. Beckmann | 8 März 1901 |

## Laboratorium für angewandte Chemie der Universität Leipzig. Fortsetzung.

| Auf- gedruckte No. der Zeugniss- karte | Vorname | Zuname | Geburtsort | Vorbildung | Examinatoren | Datum der Ausfertigung |
|---|---|---|---|---|---|---|
| W.-S. 00/01 | | | | | | |
| 2877 | Wilhelm | Lommel | Homburg v. d. Höhe | Abiturient d. Hum. Gymn. | E. Beckmann | 8. März 1901 |
| 2879 | Paul | Geibel | Camen b. Dortmund | Abiturient d. Hum. Gymn. | E. Beckmann | 8. März 1901 |
| S.-S. 01 | | | | | | |
| 2169 | Henry | Weber | Bloomfield (New Jersey) | Abiturient des amer. Real-Gymn. Diplom d. techn. Inst Newark | E. Beckmann | 3. Mai 1901 |
| 2880 | Paul | Richter | Wettin | Hum. Gymn. bis Reife f. Obersecunda (einj. freiw. Milit.) Pharm. St.-Examen Note I | E. Beckmann | 3. Mai 1901 |
| 2167 | Arthur | Biltz | Erfurt | Abiturient d. Hum. Gymn. | E. Beckmann | 20. Mai 1901 |
| 2883 | Otto | Ziesing | Leipzig | Realschule sechsjähr. Kursus Reifezeugn. | E. Beckmann | 18. Juli 1901 |
| 2886 | Georg | Ihssen | Hannover | Abiturient d. Real-Gymn. | E. Beckmann | 31. Juli 1901 |
| W.-S. 01/02 | | | | | | |
| 2164 | Drusus | Popa | Braila (Rumänien) | Abiturient d. Hum. Gymn. München | E. Beckmann | 8. Nov. 1901 |
| 2888 | Johannes | Gebbing | Bocholt (Westph.) | Hum. Gymn. Reife für Prima | E. Beckmann | 11. Jan. 1902 |
| 2878 | Felix | Hahn | Leipzig | Abiturient d. Hum. Gymn. | E. Beckmann | 13. Jan. 1902 |
| 2890 | Franz | Marshall | Leipzig | 1/2 Jahr Oberprima d. Real-Gymn. | E. Beckmann | 27. Febr. 1902 |

## Chem. Laboratorium des physiologischen Institutes der Universität Leipzig.

| | | | | | | |
|---|---|---|---|---|---|---|
| W.-S. 01/02 | | | | | | |
| 2381 | Engelbert | Kettler | Ratibor | Landwirtschaftsschule | M. Siegfried | 7. Jan. 190 |

## Chem. Laboratorium des physiologischen Institutes der Universität Leipzig.

Fortsetzung.

| Aufgedruckte No. der Zeugnisskarte | Vorname | Zuname | Geburtsort | Vorbildung | Examinatoren | Datum der Ausfertigung |
|---|---|---|---|---|---|---|
| W.-S. 00/01 | | | | | | |
| 2383 | Ottomar | Thiele | Micheln a. S. | Oberrealschule Maturitäts-Zeugniss | M. Siegfried | 9. Jan. 1901 |
| 2384 | Rudolph | Keil | Leipzig | Realschule II Kgl. Gewerbeakademie Chemnitz Ingen.-Zeugniss | M. Siegfried | 8. Febr. 1901 |
| S.-S. 01 | | | | | | |
| 2385 | Emil | Wahl | Friedberg (Hessen) | Hum. Gymn. Unterprima incl. | M. Siegfried | 11. Juni 1901 |
| W.-S. 01/02 | | | | | | |
| 2386 | Hermann | Rappeport | Libau (Russland) | Russ. Gymn. 7 kl. | M. Siegfried | 4 Nov. 1901 |

## Chemisches Institut der Universität Marburg.

| | | | | | | |
|---|---|---|---|---|---|---|
| W.-S. 00/01 | | | | | | |
| 1077 | Herrmann | Luecke | Wambel | Gymnasium Reifezeugn. | Zincke | 22. Oct. 1900 |
| 1078 | Carl | Böttcher | Bochum | Gymnasium Reifezeugn. | Zincke | 22. Oct. 1900 |
| 1079 | Adolf | Kuchenbecker | Lippstadt | Real-Gymn. Oberprim. Apotheker I | Zincke | 22. Oct. 1900 |
| 1075 | Siegmar | Münch | Istha | Gymnasium Reifezeugn. | Zincke | 23. Oct. 1900 |
| 1076 | Philipp | Malkomesius | Wiesbaden | Ober-Realsch. Reifezeugn. | Zincke | 23. Oct. 1900 |
| 1074 | Franz | Becker | Idstein | Real-Gymn. Reifezeugn. | Zincke | 1. Dez. 1900 |
| 1080 | Hermann | Flohr | Rastadt | Oberrealschule Obersek. | Zincke | 1. Dez 1900 |
| S.-S. 01 | | | | | | |
| 1081 | Ernst | Buck | Posen | Gymnasium Reifezeugn. | Zincke | 6. Mai 1901 |
| 1764 | Hermann | Thümmel | Kassel | Real-Gymn. Reifezeugn. | Zincke | 6. Mai 1901 |
| W.-S. 01/02 | | | | | | |
| 1085 | Wilhelm | Möller | Bettenhausen | Oberrealschule Reifezeugn. | Zincke | 31. Oct. 1901 |

## Chemisches Institut der Universität Marburg.

Fortsetzung.

| Aufgedruckte No. der Zeugnisskarte | Vorname | Zuname | Geburtsort | Vorbildung | Examinatoren | Datum der Ausfertigung |
|---|---|---|---|---|---|---|
| W.-S. 01\|02 | | | | | | |
| 1086 | Fritz | Zimmermann | Hanau | Oberrealschule Reifezeugn. | Zincke | 7. Nov. 1901 |
| 1087 | Carl | Siebert | Treysa | Gymnasium Reifezeugn. | Zincke | 31. Oct. 1901 |
| 1083 | Hans | Wagner | Landsthul | Gymnasium Reifezeugn. | Zincke | 7. Nov. 1901 |
| 1088 | Leopold | Hunke | Frankfurt a. M. | Oberrealschule Reifezeugn. | Zincke | 14. Nov. 1901 |
| 3278 | Carl | Noll | Hanau | Gymnasium Reifezeugn. | Zincke | 7. März 1902 |
| 3279 | Rudolf | Kneisel | Gera | Real-Gymn. Reifezeugn. | Zincke | 7. März 1902 |
| 3280 | Georg | Goll | Weissenstein | Oberrealschule Reifezeugn. | Zincke | 14. März 1902 |
| 3281 | Hans | Fischer | Höchst a. M. | Gymnasium Reifezeugn. | Zincke | 14. März 1902 |

## Pharmaceut.-chem. Institut der Universität Marburg.

| | | | | | | |
|---|---|---|---|---|---|---|
| W.-S. 00\|01 | | | | | | |
| 1819 | Eduard | Oetker | Obernkirchen | Apotheker | E. Schmidt | 28. März 1901 |
| S.-S. 01 | | | | | | |
| 1820 | Hubert | Zickgraf | Kaiserslautern | Apotheker | E. Schmidt | 30. Juli 1901 |
| W.-S. 01\|02 | | | | | | |
| 1821 | Rudolf | Goerlich | Breslau | Apotheker | E. Schmidt | 16. Nov. 1901 |
| 1822 | Heinrich | Simon | Saalfeld | Apotheker | E. Schmidt | 10. März 1902 |
| 1823 | Otto | Haars | Hohenhameln | Gymnasium | E. Schmidt | 10. März 1902 |

## Chemisches Laboratorium des Staates in München.

| | | | | | | |
|---|---|---|---|---|---|---|
| W.-S. 00\|01 | | | | | | |
| 1696 | Richard | Stein | München | Absolvent Hum. Gymn. | v. Baeyer | 25. Oct. 1900 |
| 1697 | Arthur | Mothwurf | Dürkheim | Absolvent Hum. Gymn. | v. Baeyer | 25. Oct. 1900 |
| 1698 | Wilhelm | Vogel | Ühlfeld | Absolvent Hum. Gymn. | v. Baeyer | 26. Oct. 1900 |
| 1699 | Hermann | Steinmetz | Regensburg | Absolvent Hum. Gymn. | v. Baeyer | 26. Oct. 1900 |

## Chemisches Laboratorium des Staates in München. Fortsetzung.

| Aufgedruckte No. der Zeugnisskarte | Vorname | Zuname | Geburtsort | Vorbildung | Examinatoren | Datum der Ausfertigung |
|---|---|---|---|---|---|---|
| W.-S. 00\|01 | | | | | | |
| 1700 | Wilhelm | Wedemann | Eisenach | Absolvent Real-Gymn. | Hilger v. Baeyer | 26. Oct. 1900 |
| 1701 | Valentin | Hottenroth | Johannisberg | Absolvent Hum. Gymn. | v. Baeyer | 28. Nov. 1900 |
| 1702 | August | Prettner | Wien | Absolvent Hum. Gymn. | v. Baeyer | 7. Dez. 1900 |
| 1703 | Alfred | Kliegl | München | Absolvent Hum. Gymn. | v. Baeyer | 19. Dez. 1900 |
| 1704 | Wilhelm | Göhsling | Euskirchen | Reife für Obersek. (Apothekér) | v. Baeer | 4. Febr. 1901 |
| 1705 | Walther | Hess | Alexandrien | Absolvent Hum. Gymn. | v. Baeyer | 11. Febr. 1901 |
| 1706 | Fritz | Zerban | Oppenheim a. Rh. | Absolvent Hum. Gymn. | v. Baeyer | 11. Febr. 1901 |
| 1707 | Karl | Winter | Cöln | Absolvent Real-Gymn. | v. Baeyer | 5. März 1901 |
| 1709 | Wilhelm | Schlenk | München | Absolvent Real-Gymn. | v. Baeyer | 1. März 1901 |
| 1710 | Theodor | Dörping-haus | Barmen | Absolvent Hum. Gymn. | v. Baeyer | 14. März 1901 |
| S.-S. 01 | | | | | | |
| 1711 | Kurt | Silbermann | Augsburg | Absolvent Real-Gymn. | v. Baeyer | 22. April 1901 |
| 1712 | Alfred | Magnus | Alexandrien | Absolvent Hum. Gymn. | v. Baeyer | 26. April 1901 |
| 1713 | Hugo | Hurt | Zweibrücken | Apotheker | v. Baeyer | 27. April 1901 |
| 1714 | Alfred | Mengel | Turowo | Apotheker Note I | v. Baeyer | 27. April 1901 |
| 1715 | Walther | Kahn | Frankfurt a. Main | Absolvent Real-G mn. | v. Baeyer | 30. April 1901 |
| 1717 | Reinhard | Feyerabend | Hamburg | Absolvent Hum. Gymn. | v. Baeyer | 3. Juni 1901 |
| 1716 | Emil | Sichel | Frankfurt a. Main | Absolvent Hum. Gymn. | v. Baeyer | 19. Juli 1901 |
| 1718 | Otto | Heine | Celle | Absolvent Hum. Gymn. | v. Baeyer | 22. Juli 1901 |
| 1719 | Eugen | Schlegel | St. Gallen | Absolvent Kanton-schule | v. Baeyer | 24. Juli 1901 |
| W.-S. 01\|02 | | | | | | |
| 1720 | Walther | Metzener | Düsseldorf | Absolvent Hum. Gymn. | v. Baeyer | 30. Oct. 1901 |
| 3026 | Theodor | Mauer-mayer | Unter-Elchingen | Absolvent Hum. Gymn. | v. Baeyer | 15. Nov. 1901 |
| 3027 | Kurt | Vogdt | Greinhagen | Absolvent Hum. Gymn. | v. Baeyer | 28. Nov. 1901 |
| 3028 | Friedrich | Hoechtlen | Dinkelsbühl | Absolvent Hum. Gymn. | v. Baeyer | 28. Nov. 1901 |

## Chemisches Laboratorium des Staates in München. Fortsetzung.

| Aufgedruckte No. der Zeugniss-karte | Vorname | Zuname | Geburtsort | Vorbildung | Examinatoren | Datum der Ausfertigung |
|---|---|---|---|---|---|---|
| W.-S. 01/02 | | | | | | |
| 3029 | Willy | Schultze | Halle a. S. | Absolvent Oberreal-schule | v. Baeyer | 20. Dez. 1901 |
| 1992 | Wolfgang | von Schmaedel | München | Absolvent Real-Gymn. | Wallach v. Baeyer | 24. Febr. 1902 |
| 3030 | Walter | Mieg | Pasing | Absolvent Hum. Gymn. | v. Baeyer | 24. Febr. 1902 |
| 3031 | Gustav | Schupp | Wiesbaden | Absolvent Hum. Gymn. | v. Baeyer | 27. Febr. 1902 |
| 3032 | Eugen | Mayer | Frankfurt a. Main | Absolvent Hum. Gymn. | v. Baeyer | 5. März 1902 |
| 3033 | Walter | Madelung | Bonn | Absolvent Hum. Gymn. | v. Baeyer | 7 März 1902 |
| 3034 | Percy | Wäntig | Dresden | Absolvent Hum. Gymn. | v. Baeyer | 7. März 1902 |
| 3035 | Otto | Genssler | Prüm | Absolvent Hum. Gymn. | v. Baeyer | 7. März 1902 |
| 3036 | Ludwig | Platz | Weinheim | Absolvent Hum. Gymn. | v. Baeyer | 10. März 1902 |
| 3037 | Fritz | Breest | Pieske | Absolvent Hum. Gymn. | v. Baeyer | 12 März 1902 |
| 3038 | Gustav | Haas | Kandel | Absolvent Hum. Gymn. | v. Baeyer | 12. März 1902 |
| 3039 | Hans | Netscher | Mannheim | Absolvent Real-Gymn. | v. Baeyer | 12. März 1902 |
| 1689 | Hermann | Landers | Flörsheim (Main) | Absolvent Hum. Gymn. | v. Baeyer | 14. März 1902 |

## Laboratorium für angewandte Chemie der Universität München.[1])

| | | | | | | |
|---|---|---|---|---|---|---|
| W.-S. 00/01 | | | | | | |
| 2802 | Richard | Hallersleben | Harsleben | Apoth.Note I | Hilger | 10. Nov. 1900 |
| 2066 | Georg | Krembs | Saargemünd | Apoth.Note II | Hilger | 10. Jan. 1901 |
| 2067 | Walter | Weber | Leipzig | Hum. Gymn. | Hilger | 6. März 1901 |
| 2068 | Ernst | Duntze | Düsseldorf | Apoth.Note II | Hilger | 27. Jan. 1901 |
| 2801* | Hans | Schindler | München | Apoth.Note II | Hilger | 24. Jan. 1901 |
| 2069 | Constantin | Griebel | Coburg | Apoth.Note I | Hilger | 11. Febr. 1901 |
| 2070* | Cristoph | Hohmann | Wertheim | Apoth.Note II | Hilger | 13. Febr. 1901 |
| 2073* | Theodor | Biesenbach | Düsseldorf | Apoth.Note II | Hilger | 18. Febr. 1901 |
| 2074 | Leo | Namur | Echternach | Apotheker | Hilger | 6. März 1901 |

[1]) Die mit * versehenen Zeugnisse sind in der Übersichtstabelle (S. 60) nicht unter diesem Semester aufgeführt worden, sondern unter dem (s. für No. 2801 S. 52 und für No. 2070 und 2073 S. 55) Semester, in welchem die Verbandsprüfung beendet wurde.

## Laboratorium für angewandte Chemie der Universität München.

Fortsetzung.

| Auf-gedruckte No. der Zeugniss-karte | Vorname | Zuname | Geburtsort | Vorbildung | Examinatoren | Datum der Ausfertigung |
|---|---|---|---|---|---|---|
| S.-S. 01 | | | | | | |
| 2075 | Hans | Schindler | München | Apoth.Note II | Hilger | 16. April 1901 |
| 2064 | Werner | Stille | Ilienworth | Apoth.Note I | Hilger | 15. Juni 1901 |
| 2063 | Rudolf | Thamm | Aichstetten | Apoth.Note I | Hilger | 17. Juni 1901 |
| 2062 | Walter | Petri | Cassel | Apoth.Note I | Hilger | 10. Juni 1901 |
| 2071 | Michael | Becker | M.-Gladbach | Apoth.Note I | Hilger | 3. Juli 1901 |
| 2065 | Christian | Buck | Langenau | Apoth.Note I | Hilger | 17. Juli 1901 |
| 2069 | Constantin | Griebel | Coburg | Apoth.Note I | Hilger | 17. Juli 1901 |
| W.-S. 01/02 | | | | | | |
| 2061 | Kurt | Feige | Eisleben | Apoth.Note I | Hilger | 18. Nov. 1901 |
| 2077 | Adalbert | Segin | Bischofsheim | Apoth.Note II | Hilger | 20. Jan. 1902 |
| 2807 | Otto | Lemke | Angerburg | Apoth.Note I | Hilger | 10. März 1902 |
| 2078 | Gustav | Hänsel | Pirna | Realgymn. | Hilger | 10. März 1902 |

## Anorganisch-chem. Laboratorium der Technischen Hochschule München.

| | | | | | | |
|---|---|---|---|---|---|---|
| W.-S. 00/01 | | | | | | |
| 1867 | Wilhelm | Geibel | Berlin | Hum. Gymn. | Muthmann | 4. März 1901 |
| 1868 | Hans | Gaar | Regensburg | Industrie-schule | Muthmann | 13. März 1901 |
| 1869 | Karl | Kraft | Kufstein | Oberreal-schule | Muthmann | 15. März 1901 |
| 1870 | Hermann | Kraft | Kufstein | Oberreal-schule | Muthmann | 15. März 1901 |
| 1871 | Hans | Schulz | Uelzen | Appr. Pharm. | Muthmann | 15. März 1901 |
| S.-S. 01 | | | | | | |
| 1872 | Bernhard | Müller | Altdorf (Bayern) | Hum. Gymn. | Muthmann | 15. April 1901 |
| 1873 | Ludwig | Günther | Ansbach | Real-Gymn. | Muthmann | 20. April 1901 |
| 1874 | Alfred | Mandl | Wien | Oberreal-schule | Muthmann | 17. Mai 1901 |
| 1875 | Wilhelm | Peter | Karlsruhe | Oberreal-schule | Muthmann | 24. Mai 1901 |
| 1876 | Julius | Schenkel | Dortmund | * | Muthmann | 24. Mai 1901 |
| W.-S. 01/02 | | | | | | |
| 1877 | Constans | Sprenger | Leeuwarden | Oberreal-schule | Muthmann | 28. Aug. 1901 |
| 1878 | Oswald | Aichel | Concepcion Chile | Industrie-schule München | Muthmann | 19. Okt. 1901 |
| 1879 | Karl | Bub | Nürnberg | Industrie-schule Nürnberg | Muthmann | 22. Febr. 1902 |

## Anorganisch-chem. Laboratorium der Technischen Hochschule München.

Fortsetzung.

| Auf-gedruckte No. der Zeugniss-karte | Vorname | Zuname | Geburtsort | Vorbildung | Examinatoren | Datum der Ausfertigung |
|---|---|---|---|---|---|---|
| S.-S. 01 1880 | Hans | Zorn | Memmingen | Industrie-schule München | Muthmann | 22. Febr. 1902 |
| 1881 | Gustav | Belschner | Schweinfurt | Industrie-schule Nürnberg | Muthmann | 22. Febr. 1902 |
| 1882 | Rudolf | Mathes | München | Industrie-schule Augsburg | Muthmann | 22. Febr 1902 |

## Organisch-chemisches Laboratorium der Technischen Hochschule München.

| | | | | | | |
|---|---|---|---|---|---|---|
| W.-S. 00\|01 2305 | David | Michile-witzsch | Rostoff a. Don | Realschule | G. Schultz | 1. Aug. 1900 |
| 2306 | Joseph | Schnell | München | Industrie-schule München | G. Schultz | 15. Jan. 1901 |
| 2307 | Otto | Schimon | München | Industrie-schule München | G. Schultz | 15. Jan. 1901 |
| 2308 | Emil | Marx | Schweinfurt | Industrie-schule Augsburg | G. Schultz | 15. Jan. 1901 |
| 2309 | Heinrich | Merkel | Nürnberg | Industrie-schule Nürnberg | G. Schultz | 15. Febr 1901 |
| S.-S. 2310 | Gottfried | Mühlhausen | Speckswinkel Reg. Bezirk Kassel | Gymnasium | G. Schultz | 12. Juni 1901 |
| W.-S. 01\|02 2311 | Czeslaw | Pelisky | Jchelin Russland | Russische Realschule | G. Schultz | 10. März 1902 |
| 2312 | Max | Löbering | Plauen i. V. | Gewerbe-akademie Chemnitz | G. Schultz | 7. März 1902 |
| 2313 | Otto | Laue | Crimmit-schau | Gewerbe-akademie Chemnitz | G. Schultz | 7. März 1902 |

## Chemisches Institut der Kgl. Akademie Münster i. W.

| | | | | | | |
|---|---|---|---|---|---|---|
| S.-S. 786 | Paul | Weiss | Münster | Apotheker Censur I | Salkowski | 8. Aug. 1901 |
| 787 | Bernhard | Baumeister | Dülmen | Unterprima Gymnasium | Salkowski | 18. Juli 1901 |

# Chemisches Universitäts-Laboratorium Rostock.

| Aufgedruckte No. der Zeugnisskarte | Vorname | Zuname | Geburtsort | Vorbildung | Examinatoren | Datum der Ausfertigung |
|---|---|---|---|---|---|---|
| S.-S. 00 | | | | | | |
| 1044 | Adalbert | Zilg | K.-Krotzenburg | Prima Gymn. | Michaelis | 31. Juli 1900 |
| 1045 | Karl | Weyding | Barmen | Obersecunda | Michaelis Stoermer | 2. Aug. 1900 |
| 1046 | Wilhelm | Hoffmann | Frauendorf | Prima Gymn. | Michaelis Stoermer | 2. Aug. 1900 |
| 1049 | Alfred | Wlokka | Ernsleben | Prima Gymn. | Michaelis Stoermer | 7. Aug. 1900 |
| W.-S. 00/01 | | | | | | |
| 1633 | Bruno | Kahlert | Braunschweig | Geprüfter Apotheker Note II | Hilger Michaelis | 8. Nov. 1900 |
| 1050 | Max | Class | Königsberg | Geprüfter Apotheker Note II | Michaelis Stoermer | 16. Nov. 1900 |
| 2626 | Rudolf | Vogel | Hamburg | Unterprima Real-Gymn. | Michaelis | 14 Dec. 1900 |
| 2627 | Willy | Möller | Rostock | Obersecunda Real-Gymn. | Michaelis | 24. Jan. 1901 |
| 2630 | Otto | Rademacher | Magdeburg | Prima Gymn. | Michaelis | 8. Febr. 1901 |
| 2629 | Theodor | Tenner | Darmstadt | Geprüfter Apotheker Note II | Michaelis | 6. März 1901 |
| S.-S. 01 | | | | | | |
| 2628 | Felix | Schneemann | Danzig | Geprüfter Apotheker Note I. | Michaelis Stoermer | 7. Mai 1901 |
| 1139 | Ferdinand | Guth | Kappeln | Real-Gymn. IIa | Curtius Michaelis | 13. Mai 1901 |
| 1394 | Heinrich | Nüssle | Mosbach | Gymnasium Prima-Reife | Engler Michaelis | 17. Mai 1901 |
| 2632 | Ludwig | Zumbusch | Dortmund | Gymnasium Obersecunda | Michaelis Stoermer | 21. Mai 1901 |
| 2633 | Curt | Eisenschmidt | Dothen | Gymnasium Obersecunda | Michaelis Stoermer | 24. Mai 1901 |
| 2634 | Willy | Kesseler | Greifswald | Geprüfter Apotheker Note II. | Michaelis Stoermer | 23. Juni 1901 |
| 2635 | Wilhelm | Schmitz | Köln a. Rh. | Geprüfter Apotheker Note II | Stoermer | 27. Juni 1901 |
| 2637 | Carl | Dempwolf | Aurich | Prima Real-Gymn. | Michaelis | 4. Juli 1901 |
| 2638 | Friedrich | Luther | Barmen | Unterprima Real-Gymn. | Michaelis Stoermer | 12. Juli 1901 |
| 2056 | Gustav | Splitgerber | München | Geprüfter Apotheker Note II | Hilger Michaelis | 25. Juli 1901 |
| 2330 | Karl | Mayer | Bayreuth | Geprüfter Apotheker | v. Pechmann Michaelis | 4. Aug. 1901 |

## Chemisches Universitäts-Laboratorium Rostock. Fortsetzung.

| Auf-gedruckte No. der Zeugniss-karte | Vorname | Zuname | Geburtsort | Vorbildung | Examinatoren | Datum der Ausfertigung |
|---|---|---|---|---|---|---|
| W.-S. 01\|02 | | | | | | |
| 2642 | Richard | Lombard | Hamburg | Realschule | Michaelis Stoermer | 4. Sept. 1901 |
| 2643 | Franz | Glamann | Rostock | Obersecunda | Michaelis Stoermer | 20. Sept. 1901 |
| 1171 | Max | Kober | Beuthen | Geprüfter Apotheker Note II | Curtius Michaelis | 26. Nov. 1901 |
| 2648 | Hugo | Walther | Skeuditz | Geprüfter Apotheker Note II | Michaelis Stoermer | 10. Dec. 1901 |
| 2649 | Edgar | Mentzel | Breslau | Geprüfter Apotheker Note I | Michaelis Stoermer | 14. Jan. 1902 |
| 2070 | Christoph | Hohmann | Wertheim | Gegrüfter Apotheker Note II | Hilger Michaelis | 14. Jan. 1902 |
| 2073 | Theodor | Biesenbach | Düsseldorf | Geprüfter Apotheker Note II | Hilger Michaelis | 15. Jan. 1902 |
| 2076 | Otto | Sarfert | Dresden | Geprüfter Apotheker Note II | Weinland Michaelis | 18. Febr. 1902 |
| 2646 | Louis | Schaper | Hamburg | Abiturient d. 6 klassigen Realschule | Michaelis Stoermer | 4. März 1902 |
| 2068 | Ernst | Duntze | Düsseldorf | Apotheker Note II | Michaelis Hilger | 4. März 1902 |
| 1513 | Alfred | Busch | Merguth | Unterprima Apotheker Note II | Rüdorff Michaelis | 4. März 1902 |

## Laboratorium für allgemeine Chemie, Technische Hochschule Stuttgart.

| | | | | | | |
|---|---|---|---|---|---|---|
| W.-S. 00 01 | | | | | | |
| 2552 | Alfred | Hasdrup | Tondern (Schleswig) | Real-Gymn. Abiturient | Hell Kehrer | 8. März 1900 |
| 2553 | Otto | Mezger | Naislach b. Calw. | Pharm. St-Prüfg. | Hell Kehrer | 8. März 1900 |
| 2554 | Adolf | Saager | Stuttgart | Real-Gymn. Abiturient | Hell Kehrer | 8. März 1900 |
| 2555 | Hugo | Schlemmer | Heddernheim bei Frankf. a. M. | Real-Gymn. Abiturient | Hell Kehrer | 8. März 1900 |
| 2556 | Johannes | Weller | Ruppertshofen b. Gaildorf | Pharm. St.-Prüfg. | Hell Kehrer | 8. März 1900 |

## Laboratorium für allgemeine Chemie, Technische Hochschule Stuttgart.

Fortsetzung.

| Aufgedruckte No. der Zeugnisskarte | Vorname | Zuname | Geburtsort | Vorbildung | Examinatoren | Datum der Ausfertigung |
|---|---|---|---|---|---|---|
| S.-S. 01 | | | | | | |
| 2557 | **Bernhard** | **Hell** | Stuttgart | Gymnasial. Abiturient | Hell Kehrer | 30. Juli 1901 |
| 2558 | **Willy** | **Keiper** | Wiesbaden | Real-Gymn. Abiturient | Hell Kehrer | 30. Juli 1901 |
| W.-S. 01\|02 | | | | | | |
| 2559 | **Heinrich** | **Stahl** | Stuttgart | Gymn. bis Obersecunda phar. Staatsprüfung | Hell Kehrer | 11. März 1901 |
| 2560 | **William** | **Stainton** | Taunton (Canada) | High School Absolvent College of pharm. | Hell Kehrer | 11. März 1901 |
| 2561 | **Erwin** | **Burk** | Stuttgart | Gymn. bis Obersecunda phar. Staatsprüfung | Hell Kehrer | 11. März 1901 |

## Chem.-technologisches Laboratorium der Technischen Hochschule Stuttgart.

| | | | | | | |
|---|---|---|---|---|---|---|
| W.-S. 00\|01 | | | | | | |
| 705 | **Carl** | **Rubin** | Thun (Schweiz) | Reifezeugniss Gymn. | * | 4. März 1901 |
| 706 | **Carl** | **Schlaepfer** | Rehetobel (Schweiz) | Reifezeugniss Gymn. | * | 4. März 1901 |
| 707 | **Peter** | **Weinstock** | Düsseldorf | * | * | 4. März 1901 |
| S.-S. 01 | | | | | | |
| 708 | **Adolf** | **Binder** | Esslingen | * | C. Haeussermann | 18. Juli 1901 |
| 709 | **Friedrich** | **Wider** | Stuttgart | * | C. Haeussermann | 18. Juli 1901 |
| 710 | **Friedrich** | **Czell** | Kronstadt | Reifezeugniss Hum. Gymn. | C. Haeussermann | 20. Juli 1901 |
| 2951 | **Max** | **Kappeler** | Frauenfeld | Reifezeugniss Hum. Gymn. | C. Haeussermann | 20. Juli 1901 |
| W.-S. 01\|02 | | | | | | |
| 2952 | **Richard** | **Nübling** | Ulm | Reifezeugniss Real-Gymn. | J. Schmidt | 15. Oct. 1901 |
| 2953 | **Erhardt** | **Junghans** | Schramberg | Reifezeugniss Real-Gymn. | J. Schmidt | 15. Oct. 1901 |

## Chem.-technologisches Laboratorium der Technischen Hochschule Stuttgart.

| Aufgedruckte No. der Zeugnisskarte | Vorname | Zuname | Geburtsort | Vorbildung | Examinatoren | Datum der Ausfertigung |
|---|---|---|---|---|---|---|
| W.-S. 01/02 2954 | Otto | Schairer | Stuttgart | Reifezeugniss Gymnasium | J. Schmidt | 12. Febr. 1902 |
| 2955 | Ludwig | Schmidt | Zweibrücken | " | J. Schmidt | 24. Febr. 1902 |

## Chemisches Laboratorium der Universität Tübingen.

| Aufgedruckte No. der Zeugnisskarte | Vorname | Zuname | Geburtsort | Vorbildung | Examinatoren | Datum der Ausfertigung |
|---|---|---|---|---|---|---|
| S.-S. 00 2327 | Hans | Buck | Hamburg | Primareife | H. v. Pechmann | 28. Juli 1900 |
| W.-S. 00/01 2328 | Alexander | Musset | London | Abiturient Oberrealschule | H. v. Pechmann | 27. Oct. 1900 |
| 2331 | Robert | Oechslen | Geisslingen | Abiturient Real-Gymn. | H. v. Pechmann | 9. Nov. 1900 |
| 2332 | Fritz | Oberheide | Sorsum | Abiturient Hum. Gymn. | H. v. Pechmann | 19. Nov. 1900 |
| 2333 | Friedrich | Lüth | Riga | Abiturient Realschule | H. v. Pechmann | 27. Nov. 1900 |
| 2334 | Georg | List | Ferdinandshof | Pharm Staatsex. I | H. v. Pechmann | 3. Dez. 1900 |
| 2335 | Friedrich | Furrer | Winterthur | Abiturient Technicum | H. v. Pechmann | 28. Febr. 1901 |
| S.-S. 01 2336 | Paul | Mauz | Esslingen | Pharm. Staatsex. I | H. v. Pechmann | 30. April 1901 |
| 2337 | Wilhelm | Lambrecht | Nürnberg | Abiturient Real-Gymn. | H. v. Pechmann | 14. Mai 1901 |
| 2338 | Heinrich | Feuchter | Zuffenhausen | Abiturient Oberrealschule | H. v. Pechmann | 20. Mai 1901 |
| 1235 | Rudolf | Zöppritz | Merglstetten | Abiturient Oberrealschule | Willgerodt H. v. Pechmann | 3. Juni 1901 |
| 2339 | Ernst | Eberhardt | Hirsau | Abiturient Hum. Gymn. | H. v. Pechmann | 13. Juni 1901 |
| 2340 | Gustav | Riess | Gmünd | Pharm. Staatsex. I | H. v. Pechmann | 20. Juni 1901 |
| W.-S. 01/02 2342 | Gotthold | Issler | Steingebronn | Pharm. Staatsex. I | Paul | 30. Oct. 1901 |
| 2343 | Constantin | Sautermeister | Tübingen | Pharm. Staatsex. I | Paul | 4. Nov. 1901 |
| 2345 | Eugen | Letsche | Tübingen | Absolvent Hum. Gymn. | Paul | 18. Dez. 1902 |
| 2346 | David Trevor | Jones | Llanidloes | Technical College | Paul | 18. Febr. 1902 |

## Chemisches Laboratorium der Universität Tübingen.

Fortsetzung.

| Aufgedruckte No. der Zeugnisskarte | Vorname | Zuname | Geburtsort | Vorbildung | Examinatoren | Datum der Ausfertigung |
|---|---|---|---|---|---|---|
| W.-S. 01/02 | | | | | | |
| 2349 | Ernst | Nottbohm | Wackerwinkel | Absolvent Real-Gymn. | Paul | 20. Febr. 1902 |
| 2350 | Ivo | Deiglmayr | München | Absolvent Hum. Gymn. | Paul | 28. Febr. 1902 |
| 2351 | Georg | Werner | Heilbronn | Pharm. Staatsex. I | Paul | 28. Febr. 1902 |

## Chemisches Laboratorium der Kgl. Universität Würzburg.

| Aufgedruckte No. der Zeugnisskarte | Vorname | Zuname | Geburtsort | Vorbildung | Examinatoren | Datum der Ausfertigung |
|---|---|---|---|---|---|---|
| W.-S. 00/01 | | | | | | |
| 1273 | Friedrich | Herberger | Dürkheim (Rheinpfalz) | Matur. Real-Gymn. | Hantzsch | 20. Oct. 1900 |
| 1274 | Ludwig | Lendle | Wiesbaden | Pharm. Staatsex. Note I | Hantzsch | 24. Oct. 1900 |
| 1275 | Sebastian | Heilmann | Merseburg | Real-Gymn. bis incl. Untersec. | Hantzsch | 24. Oct. 1900 |
| 1276 | Georg | Schick | Schurz i. Böhmen | Matur. Gymnasium | Hantzsch | 14. Jan. 1901 |
| 1277 | Elkan | Wechsler | London | City u Guilds of London, Techn. Coll. | Hantzsch | 7. Nov. 1900 |
| 1278 | Cecil H. | Desch | London | City u. Guilds of London, Techn. Coll. | Hantzsch | 9. Nov. 1900 |
| 1279 | Kurt | Naumann | Plottendorf b. Altenburg | Gewerbeakademie Chemnitz | Hantzsch | 21. Nov. 1900 |
| 1280 | Wilhelm | Stöber | Würzburg | Matur. Real-Gymn. | Hantzsch | 15 Jan. 1901 |
| 1281 | Hans | Nitschmann | Halle a. S. | Real-Gymn. bis incl. Untersec. | Hantzsch | 20. Febr. 1901 |
| S.-S. 01 | | | | | | |
| 1282 | Hubert W. | Bywaters | London | Royal College of Science | Hantzsch | 26. Juni 1901 |
| 1583 | M. E. | Wolvekamp | Madioen (Java) | Rijksland-Bowschool Wageningen (Niederlande) | Tollens Hantzsch | 27. Juni 1901 |
| 1283 | Joseph E. | Chamberlain | London | Royal College of Science | Hantzsch | 5. Juli 1901 |

## Chemisches Laboratorium der Kgl. Universität Würzburg.

Fortsetzung.

| Aufgedruckte No. der Zeugniss-karte | Vorname | Zuname | Geburtsort | Vorbildung | Examinatoren | Datum der Ausfertigung |
|---|---|---|---|---|---|---|
| S.-S. 01<br>1284 | Bernhard C. | Stuer | Amsterdam | Hoogere Burger-school | Hantzsch | 9. Juli 1901 |
| 2882 | Leiser | Holodetz | Szedin b. Mirsk (Russland) | Realschule Leipzig | Beckmann Hantzsch | 17. Juli 1901 |
| W -S. 01.02<br>1285 | Hermann | Feidel | Mannheim | Gymnasium bis incl. Unterprima | Hantzsch | 23. Oct. 1901 |
| 1286 | Hans | Thoma | Schweinfurt | Absolutorium Hum. Gymn. | Hantzsch | 6. Nov. 1901 |
| 1287 | M. B. | Blackler | London | City u. Guilds of London Institut | Hantzsch | 12. Nov. 1901 |
| 1288 | J. A. | Lloyd | Birmingham | King Edwards School Birmingham | Hantzsch | 15. Nov. 1901 |
| 1289 | Wilhelm | Ney | Landau (Pfalz) | Industrie-schule Augsburg | Hantzsch | 23. Jan. 1902 |
| W.-S. 01 02<br>1290 | Christoph | Heimbucher | Dietfurt (Mittel-franken) | Industrie-schule Nürnberg | Hantzsch | 29. Jan. 1902 |
| 1291 | Fritz | Streit-berger | Rudolstadt | Absolutorium Real-Gymn. | Hantzsch | 1 Febr. 1902 |
| 1292 | Johann | Behrens | Hemelingen b. Bremen | Reife f. Prima Gymnasium Bremen | Hantzsch | 13. März 1902 |

## Technologisches Institut der Universität Würzburg.

| | | | | | | |
|---|---|---|---|---|---|---|
| W.-S. 00 01<br>746 | August | Pfaff | Würzburg | Apotheker | Medicus | 20. Dez. 1900 |
| W.-S. 01/02<br>747 | Jean | Prescher | Gelnhausen | Apotheker | Medicus | 15. Oct. 1901 |
| 747 | Adolf | Wirsing | Frankfurt a. M. | Real-Gymn. | Medicus | 18. Dez. 1901 |
| 748 | Carl | Roedel-berger | Würzburg | • | Medicus | 15. März 1902 |

## E.

# Übersichtstabelle über die Anzahl der ausgestellten Verbandszeugnisse.

(In dieser Tabelle sind einige Unrichtigkeiten in der im Herbst 1901 herausgegebenen Übersichtstabelle verbessert worden, die während der Fertigstellung dieses Berichtes ermittelt wurden)

| Ort | Institut | Zahl der ausgestellten Zeugnisse | | | | | |
|---|---|---|---|---|---|---|---|
| | | im Winter 1900/1901 | | im Sommer 1901 | | im Winter 1901/1902 | |
| | | U.*) | T.*) | U.*) | T.*) | U.*) | T.*) |
| Aachen | Chemisches Laboratorium. T.*) | — | — | — | 8 | — | 1 |
| Berlin | I. Chemisches Institut. U.*) | 14 | — | 19 | — | 19 | — |
| Berlin | II. Chemisches Institut. U. | 8 | — | 10 | — | 11 | — |
| Berlin | Technologisches Institut. U. | 2 | — | 1 | — | — | — |
| Berlin-Charlottenburg | Anorganisches Laboratorium. T. | — | 7 | — | 6 | — | 19 |
| Berlin-Charlottenburg | Organisches Laboratorium. T. | — | 3 | — | — | — | 6 |
| Berlin-Charlottenburg | Technisch-chemisches Laboratorium. T. | — | — | — | 3 | — | 2 |
| Berlin-Charlottenburg | Elektrochemisches Laboratorium. T. | — | 9 | — | 4 | — | 2 |
| Berlin | Chemisches Laboratorium der Landwirtschaftlichen Hochschule | — | 1 | — | 2 | — | — |
| Bonn | Chemisches Institut. U. | 13 | — | 9 | — | — | 9 |
| Braunschweig | Laboratorium für analytische und technische Chemie. T. | — | 3 | — | 3 | — | 2 |
| Braunschweig | Pharmazeutisch-chemisches Laboratorium. U. | — | — | — | 6 | — | 2 |
| Breslau | Chemisches Laboratorium. U. | 6 | — | 13 | — | 15 | — |
| Breslau | Landwirtschaftlich-technologisches Institut. U. | 1 | — | 1 | — | 2 | — |
| Darmstadt | Chemisches Institut. T. | — | 6 | — | 1 | — | 2 |
| Darmstadt | Chemisch-technisches und elekrtochemisches Institut. T. | — | — | — | 3 | — | 1 |
| Dresden | Chemische Laboratorien. T. | — | 6 | — | 12 | — | 8 |
| Erlangen | Chemisches Laboratorium. U. | 7 | — | 6 | — | 5 | — |
| Erlangen | Pharmaz. Institut und Laboratorium für angewandte Chemie. U. | 5 | — | 2 | — | 1 | — |
| Freiburg i. Br. | Philosophische Abteilung des Chemischen Laboratoriums. U. | 9 | — | 7 | — | 7 | — |
| Freiburg i. Br. | Medicinische Abteilung des Chemischen Laboratoriums. U. | 2 | — | 3 | — | 3 | — |
| Giessen | Chemisches Universitäts-Laboratorium U. | 3 | — | 3 | — | 3 | — |
| Giessen | Physikalisch-chemisches Laboratorium. U. | 6 | — | 4 | — | 3 | — |
| Göttingen | Chemisches Universitäts-Laboratoium. U. | 12 | — | 12 | — | 13 | — |
| Göttingen | Institut für physikalische Chemie. U. | 4 | — | — | — | — | — |
| Göttingen | Agricultur-chemisches Laboratorium. U. | 3 | — | — | — | — | — |
| Greifswald | Chemisches Institut. U. | 1 | — | 1 | — | 5 | — |

| | | | | | | | |
|---|---|---|---|---|---|---|---|
| Halle | Chemisches Institut. U. | 11 | — | 8 | — | 13 | — |
| Hannover | Laboratorium für anorganische Chemie. T. | — | 1 | — | 5 | — | 1 |
| Heidelberg | Universitäts-Laboratorium. U. | 18 [1] | — | 14 | — | 22 | — |
| Heidelberg | Laboratorium des Prof. F. Krafft. U. | 6 | — | 6 | — | 10 | — |
| Jena | Chemisches Laboratorium. U. | 4 | — | 2 | — | 3 | — |
| Karlsruhe | Chemisches Laboratorium. T. | — | 1 | — | 2 | — | — |
| Kiel | Universitäts-Laboratorium. U. | 6 | — | 2 | — | 5 | — |
| Königsberg | Chemisches Laboratorium. U. | 8 | — | 3 | — | 6 | — |
| Königsberg | Pharmazeutisch-chemisches Laboratorium. U. | — | — | 7 [3] | — | 6 | — |
| Leipzig | I. Chemisches Universitäts-Laboratorium U. | 4 | — | 5 | — | 11 | — |
| Leipzig | Physikalisch-chemisches Institut. U. | 10 | — | 2 | — | 3 | — |
| Leipzig | Laboratorium für angewandte Chemie. | 13 | — | 5 | — | 4 | — |
| Leipzig | Chemisches Laboratorium des physiologischen Instituts. U. | 3 | — | 1 | — | 1 | — |
| Marburg | Chemisches Institut. U. | 7 | — | 2 | — | 9 | — |
| Marburg | Pharmazeutisch-chemisches Institut. U. | 1 | — | 1 | — | 3 | — |
| München | Chemisches Laboratorium des Staates. U. | 14 | — | 9 | — | 17 | — |
| München | Laboratorium für angewandte Chemie. U. | 6 | — | 7 | — | 4 | — |
| München | Anorganisch-chemisches Laboratorium. T. | — | 5 | — | 5 | — | 6 |
| München | Organisch-chemisches Laboratorium. T. | — | 5 | — | 1 | — | 3 |
| Münster i. W. | Chemisches Institut der Königl. Akademie | — | — | 2 | — | — | — |
| Rostock | Chemisches Laboratorium. U. | 10 [2] | — | 11 | — | 11 | — |
| Stuttgart | Laboratorium für allgemeine Chemie. T. | — | 5 | — | 2 | — | 3 |
| Stuttgart | Chemisch-technologisches Laboratorium. U. | — | 3 | — | 4 | — | 4 |
| Tübingen | Chemisches Laboratorium. U. | 7 [4] | — | 6 | — | 7 | — |
| Würzburg | Chemisches Laboratorium. U. | 9 | — | 5 | — | 8 | — |
| Würzburg | Technologisches Institut. U. | 1 | — | — | — | 3 | — |
| | | 234 | 55 | 189 | 67 | 233 | 71 |

*) U. bedeutet Universität, T. Technische Hochschule.
1) Ein Zeugniss davon wurde noch im Sommer-Semester 1900 ausgestellt.
2) Vier Zeugnisse davon wurden noch im Sommer-Semester 1900 ausgestellt.
3) {Ein Zeugniss davon wurde noch im Sommer-Semester 1898 ausgestellt.
{Vier Zeugnisse davon wurden noch im Winter-Semester 1899—1900 ausgestellt.
4) Ein Zeugniss davon wurde noch im Sommer-Semester 1900 ausgestellt.

Es sind ausgestellt worden:

bis Winter-Semester 1899/1900 . . . . . . 728 Verbandszeugnisse,
im Winter-Semester 1899/1900 . . . . . . 321 Verbandszeugnisse, hiervon 245 an 19 Universitäten und 79 an 10 Technischen Hochschulen
im Sommer-Semester 1900 . . . . . . . 244 Verbandszeugnisse, hiervon 179 an 18 Universitäten und 65 an 10 Technischen Hochschulen,
im Winter-Semester 1900/1901 . . . . . . 289 Verbandszeugnisse, hiervon 234 an 19 Universitäten und 55 an 8 Technischen Hochschulen,
im Sommer-Semester 1901 . . . . . . . 256 Verbandszeugnisse, hiervon 189 an 20 Universitäten und 67 an 9 Technischen Hochschulen,
im Winter-Semester 1901/1902 . . . . . . 304 Verbandszeugnisse, hiervon 233 an 18 Universitäten und 71 an 9 Technischen Hochschulen,

bisher insgesamt ausgestellt 2145 Verbandszeugnisse.

# F.

# Liste der Doktordissertationen und Diplomarbeiten

des

## Verbandes der Laboratoriumsvorstände an deutschen Hochschulen

**für den Winter 1900/01, Sommer 1901 und Winter 1901/02.**

## Technische Hochschule Aachen.

| Laufende No. | Name des Promovierten oder Diplomierten | Titel der Dissertation oder der Diplomarbeit | Bezeichnung des Laboratoriums, in welchem die Arbeit ausgeführt worden ist | Name des Dozenten, welcher die Arbeit geleitet hat | Ort der Promotion | Ort der Diplomerteilung |
|---|---|---|---|---|---|---|
| 1 | **J. Weiwers** aus Luxemburg | Einwirkung von Natrium auf künstlichen Kampher | Organisches Laboratorium der Kgl. Techn. Hochschule Aachen | Bredt | | Aachen |
| 2 | **Joseph Köster** aus Anhalt | Über Isoaminokampher | Organisches Laboratorium der Kgl. Techn. Hochschule Aachen | Bredt | | Aachen |
| 3 | **Julius Weckbecker** aus Metz | Über Ionon | Organisches Laboratorium der Kgl. Techn. Hochschule Aachen | Bredt | | Aachen |
| 4 | **Arthur Fischer** aus Wiesbaden | Nachprüfung und Fortsetzung der Freudenberg'schen Trennungsmethode: Silber von Antimon aus komplexen Salzlösungen durch Variieren der Spannung | Anorgan. Laboratorium der Kgl. Techn. Hochschule Aachen | Classen | | Aachen |
| 5 | **Joh. Lahaye** aus Aachen | Ermittelung der Bedingungen zur Trennung von Cd—Hg u. Ag—Hg aus complexen Salzlösungen durch Variation der Spannung | Anorgan. Laboratorium der Kgl. Techn. Hochschule Aachen | Classen | | Aachen |
| 6 | **Sim. Laubert** aus Russland | Chlorkalkfabrikation | Technolog. Laboratorium der Kgl. Techn. Hochschule Aachen | Stahlschmidt | | Aachen |

| | | | | | | |
|---|---|---|---|---|---|---|
| 7 | **Joseph Pfeil** aus Düren | Über Dihydro-campholyto-lactam u. Dihydro-campholyto-lacton. Ein Beitrag zur Begründung der Bredtschen Kamphersäureconstitutionsformel | Organisches Laboratorium der Kgl. Techn. Hochschule Aachen | Bredt | Aachen | |
| 8 | **Paul Maffia** aus Stettin | Untersuchung einiger bei der Metall-Electrolyse gebräuchl. Lösungen auf anodische und kathodische Zersetzungsproducte und Deutung derselben | Anorgan. Laboratorium der Kgl. Techn. Hochschule Aachen | Classen | | Aachen |
| 9 | **Lorenz Stockem** aus Aachen | Electrochemische Reduction von Cer-Verbindungen | Anorgan. Laboratorium der Kgl. Techn. Hochschule Aachen | Classen | | Aachen |

## Universität Berlin.

| | | | | | | |
|---|---|---|---|---|---|---|
| 1 | **Julius Schlenker** aus Bremen | Über das 4,5-Dimethylpyrimidin | I. Chemisches Institut der Universität Berlin | S. Gabriel | Berlin | |
| 2 | **Paul Onnertz** aus Krefeld | Über einige Umwandlungen der beiden Nitrophtalsäuren | I. Chemisches Institut der Universität Berlin | S. Gabriel | Berlin | |
| 3 | **Adolf Meusser** aus Spremberg | Zur Kenntniss der Erythronsäuren. Abbau des Isosaccharins | I. Chemisches Institut der Universität Berlin | O. Ruff | Berlin | |
| 4 | **Walther Buckow** aus Posen | Synthese von 1-Methoxiuna (2,3)-Dimethoxyphenanthren | I. Chemisches Institut der Universität Berlin | R. Pschorr | Berlin | |
| 5 | **Cornelius Sumuleanu** aus Jassy (Rumänien) | Synthese des Isomethylmorphols. Ein Beitrag zur Konstitutionsfrage des Morphins und Codeïns. — Über die ortho-Nitroderivate des Vanillins | I. Chemisches Institut der Universität Berlin | R. Pschorr | Berlin | |
| 6 | **Erich Groschuff** aus Berlin | Zur Stereochemie der Piperidinreihe. Verhalten der Vinyldiaceton- und Triacetonamingruppe gegen salpetrige Säure | I. Chemisches Institut der Universität Berlin | C. Harries | Berlin | |

## Universität Berlin. Fortsetzung.

| Laufende No. | Name des Promovierten oder Diplomierten | Titel der Dissertation oder der Diplomarbeit | Bezeichnung des Laboratoriums, in welchem die Arbeit ausgeführt worden ist | Name des Dozenten, welcher die Arbeit geleitet hat | Ort der Promotion | Ort der Diplomerteilung |
|---|---|---|---|---|---|---|
| 7 | **Wilhelm Haarmann** aus Holzminden (Braunschweig) | Über die Einwirkung von Hydroxylamin auf Akroleïn, Crotonaldehyd und Akrylsäureester | I. Chemisches Institut der Universität Berlin | C. Harries | Berlin | |
| 8 | **Bernhard Jäckel** aus Berlin | Über die Constitution des Apomorphins. Synthese von 4-Oxyphenanthren | I. Chemisches Institut der Universität Berlin | R. Pschorr | Berlin | |
| 9 | **Victor Stein** aus Teplitz i. B. | Zur Kenntniss einiger Carbazolderivate. Über die Lichtempfindlichkeit von Diazoverbindungen | I. Chemisches Institut der Universität Berlin | O. Ruff | Berlin | |
| 10 | **Karl Stirm** aus Stuttgart | Über das △ 6-Menthen-2-on | I. Chemisches Institut der Universität Berlin | C. Harries | Berlin | |
| 11 | **Max Schütz** aus Berlin | 1. Über die Nitrierung des Resorcylaldehyds. 2. Über einige Derivate des Saligenins. 3. Synthese von 3-Bromphenanthrenchinon. | I. Chemisches Institut der Universität Berlin | R. Pschorr | Berlin | |
| 12 | **Suren Adamianz** aus Schuscha (Kaukasien) | Über Diacetonaminoxim, seine Überführung in Diacetondiamin und Methylpentandien (Methylisopren) | I. Chemisches Institut der Universität Berlin | C. Harries | Berlin | |
| 13 | **Otto Schauwecker** aus Wriezen a. O. | Zur Constitution des Citronellals und über den Halbaldehyd der $\beta$-Methyladipinsäure. Beiträge zur Kenntniss des Pulegons und Isopulegons | I. Chemisches Institut der Universität Berlin | C. Harries | Berlin | |
| 14 | **Meier Wohlberg** aus Wilkowischken (Russland) | Über $\beta$-Amidopropionaldehyd und seine Derivate. | I. Chemisches Institut der Universität Berlin | A. Wohl | Berlin | |
| 15 | **August Klein** aus Frendenberg (Ostpreussen) | Über Sulfosäuren und Oxyderivate des Phenanthrens | I. Chemisches Institut der Universität Berlin | R. Pschorr | Berlin | |
| 16 | **Arthur Bibergeil** aus Berlin | Zur Kenntniss des $o_2$-Biphenols | I. Chemisches Institut der Universität Berlin | O. Diels | Berlin | |

| | | | | | |
|---|---|---|---|---|---|
| 17 | **Kurt Seydel** aus Berlin | Synthesen des 3-, 5-, 6-Trimethoxyphenanthrens (Methyl-Thebaols) und des 2-Methoxyphenanthrens | I. Chemisches Institut der Universität Berlin | R. Pschorr | Berlin |
| 18 | **Franz Frank** aus Köln | Über Derivate des Crotonaldehyds und den Methylglycerinaldehyd | I. Chemisches Institut der Universität Berlin | A. Wohl | Berlin |
| 19 | **Wilhelm Emmerich** aus Homburg v. d. H. | Über einige Derivate des Propionaldehydacetals | I. Chemisches Institut der Universität Berlin | A. Wohl | Berlin |
| 20 | **Friedrich Gollnitz** aus Frankfurt a. M. | Ein Beitrag zur Kenntniss der $\alpha$-$\beta$-ungesättigten aromatischen Ketone | I. Chemisches Institut der Universität Berlin | C. Harries | Berlin |
| 1 | **Otto Frobenius** | Über Verbindungen der Athyleniminreihe | II. Chemisches Institut der Universität Berlin | Prof. Dr. Marckwald | Berlin |
| 2 | **Oskar Linder** | Über die Entzündungstemperaturen der Gemische von Metallen mit Schwefel | II. Chemisches Institut der Universität Berlin | Prof. Dr. Landolt | Berlin |
| 3 | **David Bukschnewski** | Über die Wanderung der Ionen | II. Chemisches Institut der Universität Berlin | Prof. Dr. Jahn | Berlin |
| 4 | **Alex. Mc. Kenzie** | I. Neue Methode zur Spaltung racemischer Verbindungen<br>II. Abscheidung von Isobutylcarbinol und Methyläthylcarbincarbinol aus dem Gärungsamylalkohol | II. Chemisches Institut der Universität Berlin | Prof. Dr. Marckwald | Berlin |
| 5 | **Petru Bogdan** | Über die Wanderungsgeschwindigkeit der Ionen | II. Chemisches Institut der Universität Berlin | Prof. Dr. Jahn | Berlin |
| 6 | **Franz Struntz** | Geschichte der stöchiometrischen Lehren. | II. Chemisches Institut der Universität Berlin | Prof. Dr. Jahn | Berlin |
| 7 | **Simon Goldlust** | Über die Wanderungsgeschwindigkeit der Ionen einiger mehrwerthiger Elektrolyte in verdünnten wässerigen Lösungen | II. Chemisches Institut der Universität Berlin | Prof. Dr. Jahn | Berlin |
| 8 | **Ernst Berliner** | Über die Ionenwanderung | II. Chemisches Institut der Universität Berlin | Prof. Dr. Jahn | Berlin |
| 1 | **Ludwig Hantower** | Zur Kenntniss der 1,8-Dioxynaphtalin-3,6-disulfosäure | Technolog. Institut der Universität Berlin | Täuber | Berlin |
| 2 | **Leo Meyer** | Zur Kenntniss des Diphenylins | Technolog. Institut der Universität Berlin | Täuber | Berlin |

## Universität Berlin. Fortsetzung.

| Laufende No. | Name des Promovierten oder Diplomierten | Titel der Dissertation oder der Diplomarbeit | Bezeichnung des Laboratoriums, in welchem die Arbeit ausgeführt worden ist | Name des Dozenten, welcher die Arbeit geleitet hat | Ort der Promotion | Ort der Diplomerteilung |
|---|---|---|---|---|---|---|
| 3 | **Edgar Samson** | Synthet. Versuche in der Indigoreihe | Technolog. Institut der Universität Berlin | Wichelhaus | Berlin | |
| 4 | **Wolf Levin** | Über Umlagerungsproducte symmetr. di-p-halogenizter Hydrazobenzole | Technolog. Institut der Universität Berlin | Täuber | Berlin | |
| 5 | **Erich Wilberg** | Zur Kenntniss des o-Amidoditolylamins | Technolog. Institut der Universität Berlin | Täuber | Berlin | |
| 6 | **Julius Dünkelsbühler** | Über Hydrinden | Technolog. Institut der Universität Berlin | Täuber | Berlin | |

## Technische Hochschule Berlin.

| Laufende No. | Name des Promovierten oder Diplomierten | Titel der Dissertation oder der Diplomarbeit | Bezeichnung des Laboratoriums, in welchem die Arbeit ausgeführt worden ist | Name des Dozenten, welcher die Arbeit geleitet hat | Ort der Promotion | Ort der Diplomerteilung |
|---|---|---|---|---|---|---|
| 1 | **Gebhardt Bumcke** | Über Cellulose | Organisches Laboratorium der Techn. Hochschule zu Berlin | R. Wolffenstein | Rostock | |
| 2 | **Joseph Landau** | Ester und Indonderivate aus Kochenillesäure und Indonderivate der Hemipinsäure | Organisches Laboratorium der Techn. Hochschule zu Berlin | C. Liebermann | Berlin Universität | |
| 3 | **Paul Günther** | Über Halogenirung von Oxyanthrachinonsulfosäuren | Organisches Laboratorium der Techn. Hochschule zu Berlin | C. Liebermann | Münster | |
| 4 | **Samuel Schlossberg** | Über $\gamma$ Bromindon und einige seiner Derivate | Organisches Laboratorium der Techn. Hochschule zu Berlin | C. Liebermann | Berlin Universität | |
| 5 | **Fritz Michel** | Über Malonesterderivate des 2,3 Dichlor $\alpha$ naphtochinons | Organisches Laboratorium der Techn. Hochschule zu Berlin | C. Liebermann | Erlangen | |
| 6 | **Julius Hoffmann** | Zur Kenntniss des Dibromthymochinons | Organisches Laboratorium der Techn. Hochschule zu Berlin | C. Liebermann | Freiburg (Schweiz) | |

| | | | | | |
|---|---|---|---|---|---|
| 7 | **Wilhelm Hohenemser** | Zur Stereochemie in der Piperidinreihe | Organisches Laboratorium der Techn. Hochschule zu Berlin | R. Wolffenstein | Berlin Universität |
| 8 | **Leonhard Mamlock** | Über alkylirte Hydroxylamine | Organisches Laboratorium der Techn. Hochschule zu Berlin | R. Wolffenstein | Berlin Universität |
| 9 | **Emil Hoyer** | Über Abkömmlinge des Dibromnaphtochinons. — Über Abkömmlinge des Anhydrobisdiketohydrindens | Organisches Laboratorium der Techn. Hochschule zu Berlin | C. Liebermann | Berlin Technische Hochschule |
| 10 | **Erich Bandow** | Zur Kenntniss des Isonarkotins. — Zwei neue Basen aus Hydrokotarnin | Organisches Laboratorium der Techn. Hochschule zu Berlin | C. Liebermann | Berlin Technische Hochschule |
| 11 | **Arthur Marcuse** | Zur Stereochemie der Piperidinderivate | Organisches Laboratorium der Techn. Hochschule zu Berlin | R. Wolffenstein | Rostock |
| 12 | **Birger Fjeld Halvorsen** | Über Hydrazonsäuren | Organisches Laboratorium der Techn. Hochschule zu Berlin | H. Simonis | Freiburg (Schweiz) |
| 13 | **Simon Lindenbaum** | Verhalten der Phenylendiamine gegen 2,3 Dibrom α naphtochinon und Derivate des Naphtophenazins | Organisches Laboratorium der Techn. Hochschule zu Berlin | C. Liebermann | Berlin Universität |
| 14 | **Alfred Bertheim** | Über die fluorescirende Verbindung aus Chlor α naphtochinonacetessigester | Organisches Laboratorium der Techn. Hochschule zu Berlin | C. Liebermann | Berlin Universität |
| 15 | **Leopold Flatow** | Über die Einwirkung von Halogenen auf Natriumdiketohydrindenkarbonsäureester | Organisches Laboratorium der Techn. Hochschule zu Berlin | C. Liebermann | Berlin Universität |

## Technische Hochschule Berlin-Charlottenburg.

| | | | | | |
|---|---|---|---|---|---|
| 1 | **Christian Deichler** aus Reichshofen (Elsass) | Beiträge zur Kenntniss und Darstellung der Wismuthsuperoxyde | Elektrochemisches Laboratorium der Kgl. techn. Hochschule zu Berlin | v. Knorre | Berlin Universität |

## Technische Hochschule Berlin-Charlottenburg. Fortsetzung.

| Laufende No. | Name des Promovierten oder Diplomierten | Titel der Dissertation oder der Diplomarbeit | Bezeichnung des Laboratoriums, in welchem die Arbeit ausgeführt worden ist | Name des Dozenten, welcher die Arbeit geleitet hat | Ort der Promotion | Ort der Diplomerteilung |
|---|---|---|---|---|---|---|
| 2 | **Konrad Norden** aus Myslowitz | Über die Vorgänge an der Aluminium-Anode | Elektrochemisches Laboratorium der Kgl. techn. Hochschule zu Berlin | v. Knorre | Berlin Universität | |
| 3 | **John Eltzbacher** aus Bonn | Beiträge zur Elektrochemie der Wolframate | Elektrochemisches Laboratorium der Kgl. techn. Hochschule zu Berlin | v. Knorre | Berlin Universität | |
| 4 | **Albert Frank** aus Stassfurt | Über die Darstellung des Natrium- und Calcium-Salzes der hydroschwefligen Säure durch Elektrolyse | Elektrochemisches Laboratorium der Kgl. techn. Hochschule zu Berlin | v. Knorre | Berlin Universität | |
| 5 | **Kallmann Gittelsohn** aus Libau (Russland) | Über die Einwirkung von Alkaliortho- u. pyrophosphaten auf Ceriverbindungen | Elektrochemisches Laboratorium der Kgl. techn. Hochschule zu Berlin | v. Knorre | Berlin Universität | |
| 6 | **Jon Sarghel** aus Bukarest | Über die Elektrolyse der Bromide der Alkalien | Elektrochemisches Laboratorium der Kgl. techn. Hochschule zu Berlin | v. Knorre | Berlin Universität | |
| 7 | **Paul Glühmann** aus Potsdam | Beiträge zur Kenntniss der Triphosphorsäure und ihrer Salze | Elektrochemisches Laboratorium der Kgl. techn. Hochschule zu Berlin | v. Knorre | Berlin Universität | |
| 8 | **Erich Kunheim** aus Berlin | Über die Einwirkung des Lichtbogens auf Gemische von Sulfaten und Kohle | Elektrochemisches Laboratorium der Kgl. techn. Hochschule zu Berlin | v. Knorre | Berlin Universität | |
| 9 | **Wilhelm Schulze** aus Berlin | Beiträge zur Elektrochemie des Arsens | Elektrochemisches Laboratorium der Kgl. techn. Hochschule zu Berlin | v. Knorre | Berlin Universität | |
| 10 | **Hans Mengers** aus Berlin | Beiträge zur Kenntniss der Überselensäure | Elektrochemisches Laboratorium der Kgl. techn. Hochschule zu Berlin | v. Knorre | Berlin Universität | |

| | | | | | |
|---|---|---|---|---|---|
| 11 | **Erwin Hüttner** aus Prag | Beiträge zur Kenntniss der Oxyde des Kobalts | Elektrochemisches Laboratorium der Kgl. techn. Hochschule zu Berlin | v. Knorre | Berlin Universität |
| 12 | **Arthur Wiesler** aus Prag | Beiträge zur Kenntniss der Metaphosphate | Elektrochemisches Laboratorium der Kgl. techn. Hochschule zu Berlin | v. Knorre | Berlin Universität |
| 13 | **Ber Suler** aus Minsk (Russland) | Beiträge zur elektrolytischen Reduction der Nitrite | Elektrochemisches Laboratorium der Kgl. techn. Hochschule zu Berlin | v. Knorre | Berlin Universität |
| 14 | **Ivar Moltke-Hansen** aus Drammin (Norwegen) | Über Darstellung von Ammoniumdi- und-trimetaphosphat und über das Leitvermögen wässriger Lösungen | Elektrochemisches Laboratorium der Kgl. techn. Hochschule zu Berlin | v. Knorre | Berlin |

Im Bericht 2, Seite 42 ist folgendes zu berichtigen: die Arbeiten der Herren Raphael Perlin (No. 27) — nicht Berlin — und Christian Deichler (29) sind im **Elektrochemischen Laboratorium der Kgl. technischen Hochschule** zu Berlin unter der Leitung des Herrn Prof. v. Knorre ausgeführt worden.

## Landwirthschaftliche Hochschule Berlin.

| | | | | | |
|---|---|---|---|---|---|
| 1 | **Christophor Hachumian** | Studien über c-Phenylpyrazole | Landwirthschaftliche Hochschule Berlin | Buchner | Universität Berlin |
| 2 | **Heinrich Schröder** | 1,2-Pyrone aus acetylirten Pyrazolinen | Landwirthschaftliche Hochschule Berlin | Buchner | Universität Berlin |

## Universität Bonn.

| | | | | | |
|---|---|---|---|---|---|
| 1 | **Max Peschkes** | Über einige neue Alkyl- und Acylderivate des Hydroxylamins | Chemisches Institut der Universität Bonn | Privatdozent Dr. Georg Schroeter | Bonn |
| 2 | **Peter Güttes** | Über die Estersäuren und die Anilsäuren der unsymmetrischen Dimethylbernsteinsäuren | Chemisches Institut der Universität Bonn | Prof. Dr. R. Anschütz | Bonn |
| 3 | **Johannes von Velsen** | Die Triglyzeride und die Grundlagen der refractometrischen Butteruntersuchung | Chemisches Institut der Universität Bonn | Prof. Dr. A. Partheil | Bonn |

## Technische Hochschule Braunschweig.

| Laufende No. | Name des Promovierten oder Diplomierten | Titel der Dissertation oder der Diplomarbeit | Bezeichnung des Laboratoriums, in welchem die Arbeit ausgeführt worden ist | Name des Dozenten, welcher die Arbeit geleitet hat | Ort der Promotion | Ort der Diplomerteilung |
|---|---|---|---|---|---|---|
| 1 | **Johann Maier** | I. Über die Condensation von Sebacinsäurester mit aromatischen Diaminen (Dipl.-Arb.) | Laboratorium für analyt. und techn. Chemie | Rich. Meyer | | Braunschweig |
| | | II. Über Ringcondensationen (Diss.) | Laboratorium für analyt. und techn. Chemie | Rich. Meyer | Braunschweig | |
| 2 | **Gustav v. Lutzau** | I. Über die Condensation der Ester zweibasischer Carbonsäuren m. aromatischen Monaminen (Dipl.-Arb) | Laboratorium für analyt. und techn. Chemie | Rich. Meyer | | Braunschweig |
| | | II. Über die Einwirkung von Estern zweibasischer Säuren auf aromatische Amidokörper (hauptsächlich Diamine) (Diss.) | Laboratorium für analyt. und techn. Chemie | Rich. Meyer | Braunschweig | |
| 3 | **Leo Friedland** | Über Nitrofluorane (Dipl.-Arb.) | Laboratorium für analyt. und techn. Chemie | Rich. Meyer | | Braunschweig |
| 4 | **Wilhelm Eberlein** | Über einige complexe Silbersalze (Dipl.-Arb.) | Laboratorium für physikal. und Elektrochemie | G. Bodländer | | Braunschweig |

## Universität Breslau.

| Laufende No. | Name des Promovierten oder Diplomierten | Titel der Dissertation oder der Diplomarbeit | Bezeichnung des Laboratoriums, in welchem die Arbeit ausgeführt worden ist | Name des Dozenten, welcher die Arbeit geleitet hat | Ort der Promotion | Ort der Diplomerteilung |
|---|---|---|---|---|---|---|
| 1 | **Alexander Bienenthal** | Über Einwirkung von α-Glycerinchlorhydrin auf tertiäre Amine | Universitätslaboratorium | Ladenburg | Breslau | |
| 2 | **Clara Immerwahr** | Löslichkeitsbestimmung schwerlöslicher Salze des Quecksilbers, Kupfers, Bleies, Cadmiums und Zinks | Universitätslaboratorium | Abegg | Breslau | |
| 3 | **Freiherr von Brackel** | Über die Umwandlung der untersalpetrigen Säure in Hydrazin. Einige Abkömmlinge des m-Cyanbenzylchlorids | Universitätslaboratorium | Ladenburg | Breslau | |

| | | | | | |
|---|---|---|---|---|---|
| 4 | Erich Dehnel | Über $\alpha'$-Phenyl $\alpha'$-Stilbazol und $\alpha'$-Phenyl $\alpha$-Oxystilbazol<br>Einwirkung von Brom auf $\beta$-Picolin | Universitätslaboratorium | Ladenburg | Breslau |
| 5 | Albert Jäger | Löslichkeit einiger Fluoride | Universitätslaboratorium | Abegg | Breslau |
| 6 | Wahan Manoukian | Einwirkung des p-Xylylenbromids auf primäre, sekundäre u. tertiäre Basen | Universitätslaboratorium | Ladenburg | Breslau |
| 7 | Helmuth Müller | Über die stereoisomeren Formen des $\alpha$-Phenyl $\alpha'$-Methylpiperidins | Universitätslaboratorium | Scholtz | Breslau |
| 8 | Carl Krannich | I Über partielle Racemie. II. Benzophenonosulfosäure und Homologe | Universitätslaboratorium | Ladenburg | Breslau |
| 9 | Franz Goldschmidt | Physikalisch-chemische Studien an wässrigen Ammoniaklösungen | Universitätslaboratorium | Abegg | Breslau |
| 10 | Hans Frese | Beiträge zur Kenntniss der Pyridinreihe | Universitätslaboratorium | Ladenburg | Breslau |
| 11 | Martin Heidrich | Charakterisirung aromatischer Amine, Amidosäuren und Pyridine | Universitätslaboratorium | Ladenburg | Breslau |
| 12 | Franz Jüttner | Beiträge zur chemischen Auffassung des Lösungsvorgangs | Universitätslaboratorium | Abegg | Breslau |
| 13 | Otto Sackur | Über den Einfluss gleichioniger Zusätze auf die elektromotorische Kraft von Flüssigkeitsketten | Universitätslaboratorium | Abegg | Breslau |
| 14 | Paul Backe | Über die Einwirkung vom Cuminol auf $\alpha$-Picolin | Universitätslaboratorium | Ladenburg | Breslau |
| 15 | Hermann Bach | Über Condensationen des Aldehydcollidins mit substituirten aromatischen Aldehyden | Universitätslaboratorium | Ladenburg | Breslau |
| 16 | Walther Castner | Zur Kenntniss des Aldehyd-Collidins | Universitätslaboratorium | Ladenburg | Breslau |
| 17 | Emil Rieger | Über die Existenz komplexer Ionen in Doppelsalzen | Universitätslaboratorium | Abegg | Breslau |
| 18 | Konrad Jaross | Einwirkung von Aldehyden und Carbonylchlorid auf Diamine | Universitätslaboratorium | Scholtz | Breslau |
| 19 | Alfred Hoffmann | Über Gleichgewichtszustände im System: Ferricyankalium und Jodkalium | Universitätslaboratorium | Abegg | Breslau |

## Universität Breslau. Fortsetzung.

| Laufende No. | Name des Promovierten oder Diplomierten | Titel der Dissertation oder der Diplomarbeit | Bezeichnung des Laboratoriums, in welchem die Arbeit ausgeführt worden ist | Name des Dozenten, welcher die Arbeit geleitet hat | Ort der Promotion | Ort der Diplomerteilung |
|---|---|---|---|---|---|---|
| 20 | **Hans Riesenfeld** | Über das Lösungsvermögen von Salzlösungen für Ammoniak nach Messungen seines Partialdrucks | Universitätslaboratorium | Abegg | Breslau | |
| 21 | **Ernst Thorausch** | Über die Condensation des α-Phenyl α'-Methylpyridins mit Aldehyden | Universitätslaboratorium | Scholtz | Breslau | |
| 22 | **Carl Andree** | Über die Einwirkung einiger Aldehyde auf Aethyl- resp. Methylamin und die Reduction der entstandenen Producte | Universitätslaboratorium | Ladenburg | Breslau | |
| 1 | **Julius Sprinz** | »Isoalantolakton«, ein Nebenproduct der »Helenin«-fabrikation | Landwirthschaftl. technologisches Institut | Felix G. Ahrens | Basel | |

## Technische Hochschule Darmstadt.

| | | | | | | |
|---|---|---|---|---|---|---|
| 1 | **E. Iwanow-Kwartirnikow** | Versuche über Elektrolyse mittels Wechselstrom | Chem. technisches u. elektrochemisches Institut | Dr. Dieffenbach | | Darmstadt |
| 2 | **W. von Morawski** | Versuche über Goldgewinnung aus goldhaltigen Schwefelkiesen | Chem. technisches u. elektrochemisches Institut | Dr. Dieffenbach | | Darmstadt |
| 3 | **G. Glaser** | Elektrolytische Abscheidung von Chrom aus wässrigen Lösungen | Chem. technisches u. elektrochemisches Institut | Dr. Dieffenbach | | Darmstadt |
| 4 | **E. Dittner** | Experimentelle Prüfung der verschiedenen Vorschläge zur Herstellung von Kaliumpermanganat mit Hülfe der Elektrolyse | Chem. technisches u. elektrochemisches Institut | Dr. Dieffenbach | | Darmstadt |

## Technische Hochschule Dresden.[1]

| | | | | | | |
|---|---|---|---|---|---|---|
| 1 | **Konrad Klimmer** | Zur Kenntniss des Dimethyl-m-amido-p-Kresols | Laboratorium für Farbenchemie | R. Möhlau | | Dresden |
| 2 | **Carlos Thode** | Constitution und Verhalten der Isato- und Isatinsäure | Organ.-chem. Laboratorium | E v. Meyer | | Dresden |
| 3 | **Walther Bode** | Über Harnsäurederivate und Synthesen der Harnsäure | Organ.-chem. Laboratorium | E. v. Meyer | | Dresden |
| 4 | **Thadd. von Findeisen** | Verhalten von Carbanil und Phenylsenföl zu Anthranilsäure und Derivaten | Organ.-chem. Laboratorium | E. v. Meyer | | Dresden |
| 5 | **Hermann Lehmann** | Über Salicylsäure-Derivate | Organ.-chem. Laboratorium | E. v. Meyer | | Dresden |
| 6 | **Wladimir Rodionow** | Über Acetyl- und Benzoylaceton | Organ.-chem. Laboratorium | E. v. Meyer | | Dresden |
| 7 | **Willy Schumacher** | Über Cyankohlensäureester u. Derivate | Organ.-chem. Laboratorium | E. v. Meyer | | Dresden |
| 8 | **Edmund Gräfe** | Derivate des Camphers u. Menthols | Organ.-chem. Laboratorium | E. v. Meyer | | Dresden |
| 9 | **Alfred Heiduschke** | Über Acroleïn, Crotonaldehyd und Acrylsäure | Organ.-chem. Laboratorium | E. v. Meyer | | Dresden |
| 10 | **Richard Zimmermann** | Über Glycin, seine Ester u. Diazoessigester | Organ.-chem. Laboratorium | E. v. Meyer | | Dresden |
| 11 | **Josef Rosenthal** | Derivate der α-Cyanzimmtsäure | Organ.-chem. Laboratorium | E. v. Meyer | | Dresden |
| 12 | **Paul Schönherr** | Anlagerungsfähigkeit von primären und secundären Aminen u. Phenylisocyanat. | Organ.-chem. Laboratorium | E. v. Meyer | | Dresden |
| 13 | **Horst Kretzchmar** | Über Chinolin und seine Derivate | Organ.-chem. Laboratorium | E. v. Meyer | | Dresden |
| 14 | **Max von Dittmann** | Zur Kenntniss des Thiazins und Amidothiazins oder Thionins | Laboratorium für Farbenchemie | R. Möhlau | | Dresden |
| 15 | **Albert Grossmann** | Über trimoleculare Nitrile | Organ.-chem. Laboratorium | E. v. Meyer | | Dresden |
| 16 | **Wilhelm Quilling** | Über Methyl- und Phenyl-Uracile | Organ.-chem. Laboratorium | E. v. Meyer | | Dresden |
| 17 | **Albert Sommer** | Über aromatische Sulfinsäuren | Organ.-chem. Laboratorium | E. v. Meyer | | Dresden |
| 18 | **Ferdinand Vetter** | Über α- und β-Oxynaphtoësäure | Organ.-chem. Laboratorium | E. v. Meyer | | Dresden |
| 19 | **Alfred Friessner** | Über Abkömmlinge d. Acetessigesters | Organ.-chem. Laboratorium | E. v. Meyer | | Dresden |
| 20 | **Haavard Martinsen** | Derivate der p-Oxybenzoësäure | Organ.-chem. Laboratorium | E. v. Meyer | | Dresden |

[1]) Die unter No. 1—23 angeführten Candidaten haben das Prädikat: Diplomingenieur erworben, die Candidaten unter No. 24—35 resp. 36—37 das Prädikat: Dr. ing. resp. Dr. phil.

## Technische Hochschule Dresden. Fortsetzung.

| Laufende No. | Name des Promovierten oder Diplomierten | Titel der Dissertation oder der Diplomarbeit | Bezeichnung des Laboratoriums, in welchem die Arbeit ausgeführt worden ist | Name des Dozenten, welcher die Arbeit geleitet hat | Ort der Promotion | Ort der Diplomerteilung |
|---|---|---|---|---|---|---|
| 21 | **Max Reiche** | Über einige Abkömmlinge des Indols | Organ.-chem.Laboratorium | E. v. Meyer | | Dresden |
| 22 | **Alfred Rossleben** | Einwirkung von Diazoniumsalzen auf substituirte Essigester | Organ.-chem.Laboratorium | E. v. Meyer | | Dresden |
| 23 | **Arthur Zscheile** | Zur Kenntniss der aliphatischen Amine | Organ.-chem.Laboratorium | E. v. Meyer | | Dresden |
| 24 | **Ernst Krumbiegel** | Synthese einiger Derivate des Triphenyltriazols | Organ.-chem.Laboratorium | E. v. Meyer | Dresden | |
| 25 | **Wilhelm Lax** | Über Abkömmlinge der Phenylhydrazoncyanessigester | Organ.-chem.Laboratorium | E. v. Meyer | Dresden | |
| 26 | **Hans Mehner** | Über Abkömmlinge der Anthranilsäure | Organ.-chem.Laboratorium | E. v. Meyer | Dresden | |
| 27 | **Oscar Wünsche** | Zur Kenntniss der Sulfocarbanilide | Organ.-chem.Laboratorium | Dr. E. v. Meyer u. Dr. v. Walther | Dresden | |
| 28 | **Walther Rätze** | Zur Kenntniss des p-Chlorbenzaldehyds | Organ.-chem.Laboratorium | Dr. E. v. Meyer u. Dr. v. Walther | Dresden | |
| 29 | **Joseph Rosenthal** | Condensation von Aldehyden mit Cyanessigester und Benzylcyanid | Organ.-chem.Laboratorium | Dr. E. v. Meyer | Dresden | |
| 30 | **Alfred Heiduschke** | Zur Kenntniss des p-Thio-p-tolylanilins | Organ.-chem.Laboratorium | Dr. E. v. Meyer | Dresden | |
| 31 | **Hans Böttcher** | Dissociationstemperaturen d. Kohlensäure und des Schwefelsäureanhydrids | Anorgan.-chem. Laboratorium | W. Hempel | Dresden | |
| 32 | **Ludwig Sprösser** | Über Alkalichlorid-Elektrolyse an Kohlenanoden | Elektrochem.Laboratorium | Dr. Fr. Foerster | Dresden | |
| 33 | **Ernst Kegel** | Zur Frage der Paraoxyazokörper | Laboratorium für Farbenchemie | R. Möhlau | Dresden | |
| 34 | **Konrad Klimmer** | Über die Farbstoffe der Capriblau- und Phenocyaningruppe | Laboratorium für Farbenchemie | R. Möhlau | Dresden | |

| | | | | | |
|---|---|---|---|---|---|
| 35 | **Erich Strohbach** | Über Derivate der 2—3 Oxynaphtoësäure | Laboratorium für Farbenchemie | R. Möhlau | Dresden |
| 36 | **Edmund Graefe** | Producte der Einwirkung des Chlorkohlenoxyds auf einige aromatische Alkohole und Phenole | Organ.-chem. Laboratorium | Dr. E. v. Meyer | Basel |
| 37 | **Rudolf Schwede** | Halogenderivate von Imiden zweibasischer Säuren | Organ.-chem. Laboratorium | Dr. E v. Meyer | Basel |

## Universität Erlangen.

| | | | | | |
|---|---|---|---|---|---|
| 1 | **Theodor Merl** | Über Pyridinderivate | Chem. Laboratorium der Universität Erlangen | O. Fischer | Erlangen |
| 2 | **Fritz Michel** | Über die Reactionen der Malonesterderivate gegen 2,3-Dichlor-α-Naphtochinon | Chem. Laboratorium der technischen Hochschule zu Berlin | C. Liebermann | Erlangen |
| 3 | **Walter Zeiss** | Über die Einwirkung von Alkylhalogenen auf Amidosäuren | Chem. Laboratorium der Universität Erlangen | O. Fischer | Erlangen |
| 4 | **Ludwig Reindl** | Über Naphtimidazole | Chem. Laboratorium der Universität Erlangen | O. Fischer | Erlangen |
| 5 | **Eduard Berdel** | Beitrag zur Kenntniss der Legierungen | Chem. Laboratorium der Universität Erlangen | Stollberg | Erlangen |
| 6 | **Rudolf Endres** | Über Tetrahydrochinolinbenzcarbonsäuren | Chem. Laboratorium der Universität Erlangen | O. Fischer | Erlangen |
| 7 | **Hermann Holzmann** | Über die Isomerieerscheinung bei den Thiosemicarbaziden | Chem. Laboratorium der Universität Erlangen | M. Busch | Erlangen |
| 8 | **Hans Krell** | Über die Einwirkung von Halogenalkylen auf die Alkalisalze der Amidophenole | Chem. Laboratorium der Universität Erlangen | O. Fischer | Erlangen |
| 9 | **Julius Ulbricht** | Zur Kenntniss halogensubstituirter N-Methyl-α-Chinolone | Chem. Laboratorium der Universität Erlangen | O. Fischer | Erlangen |
| 10 | **Eduard Bergmann** | Beiträge zur Kenntniss der Orthoaminoazoverbindungen | Chem. Laboratorium der Universität Erlangen | M. Busch | Erlangen |

## Universität Erlangen. Fortsetzung.

| Laufende No. | Name des Promovierten oder Diplomierten | Titel der Dissertation oder der Diplomarbeit | Bezeichnung des Laboratoriums, in welchem die Arbeit ausgeführt worden ist | Name des Dozenten, welcher die Arbeit geleitet hat | Ort der Promotion | Ort der Diplomerteilung |
|---|---|---|---|---|---|---|
| 11 | Gottfried Graf | Über Additionsproducte der Benzylidenbasen und über Dimethylnaphtosafranin | Chem. Laboratorium der Universität Erlangen | O. Fischer | Erlangen | |
| 12 | Albert Spitta | Zur Kenntniss des Diphenylisodithiobiazolons | Chem. Laboratorium der Universität Erlangen | M. Busch | Erlangen | |
| 13 | Moritz Rigaud | Über β-substituirte N-Alkylpyridone u. über Dimethyl-N-Methylchinolon | Chem. Laboratorium der Universität Erlangen | O. Fischer | Erlangen | |
| 14 | Theodor Ulmer | Einwirkung von Hydrazinhydrat auf Thioharnstoffe | Chem. Laboratorium der Universität Erlangen | M. Busch | Erlangen | |
| 15 | Ernst Blume | Über Isodithiobiazolone und über Sulfiniumjodide | Chem. Laboratorium der Universität Erlangen | Prof. Busch | Erlangen | |
| 16 | Ernst Becher | Über m-Tolylimidazole | Chem. Laboratorium der Universität Erlangen | O. Fischer | Erlangen | |
| 1 | Otto Dopfer | Zur Kenntniss colloidaler Metalle | Pharm.-chem Universitäts-Laborat. Erlangen | C. Paal | Erlangen | |
| 2 | Paul Jacoby | 1. Über die Einwirkung von o-Nitrobenzylchlorid auf Anthranilsäure<br>2. Einwirkung von Amidosulfonsäure auf m-Chlor- und m-Bromanilin | Pharmaceut.-chemisches Universit.-Laboratorium | C. Paal | Erlangen | |
| 3 | Heinrich Schulze | Über stereoisomere Dibenzoylaethylendicarbonsäureester u. Dibenzoylaethylene | Pharmaceut.-chemisches Universit.-Laboratorium | C. Paal | Erlangen | |
| 4 | Eduard Merkel | Zur Kenntniss der aus Eialbumin dargestellten Albumosen und Peptone | Pharmaceut.-chemisches Universit.-Laboratorium | C. Paal | Erlangen | |
| 5 | Paul Elten | Zur Kenntniss colloidaler Metalle und Metalloxyde | Pharmaceut.-chemisches Universit.-Laboratorium | C. Paal | Erlangen | |
| 6 | Willibald Pohl | Über o-Nitrobenzyl-p-amidobenzoësäure und ihre Derivate | Pharmaceut.-chemisches Universit.-Laboratorium | C. Paal | Erlangen | |
| 7 | Otto Dopfer | Zur Kenntniss der colloidalen Metalle | Pharmaceut.-chemisches Universit.-Laboratorium | C. Paal | Erlangen | |

## Universität Freiburg i. B.

| | | | | | |
|---|---|---|---|---|---|
| 1 | **Bernhard Merk** | Neue Beiträge zur Kenntniss des Digitogenins und seiner Abbauproducte | Universitätslaboratorium Freiburg (med. Abtheil.) | Kiliani | Freiburg i. B. |
| 2 | **Georg Mangler** | Über das sogen. Aethenyltrisulfid und einige seiner Derivate | Universitätslaboratorium Freiburg (med. Abtheil.) | Fromm | Freiburg i. B. |
| 3 | **Gabriel van Oordt** | Über Cholesterin | Universitätslaboratorium Freiburg (med. Abtheil.) | Kiliani | Freiburg i. B. |
| 4 | **Richard Hennings** | Schwefelhaltige cyklische Verbindungen | Universitätslaboratorium Freiburg (med. Abtheil.) | Autenrieth | Freiburg i. B. |
| 1 | **Alexander Kapelusz** | Über o-a-Dimethyl-p-aethylchinolin und seine Derivate | Universitätslaboratorium Freiburg (philos. Abth.) | Willgerodt | Freiburg i. B. |
| 2 | **Robert Pabst** | Zur Kenntniss der Derivate des 2-Jod-5-Nitro-p-Xylols mit mehrwerthigem Jod | Universitätslaboratorium Freiburg (philos. Abth.) | Willgerodt | Freiburg i. B. |
| 3 | **Franz Borchers** | Zur Kenntniss der Derivate des p-Jod-o-Nitrotoluols mit mehrwerthigem Jod | Universitätslaboratorium Freiburg (philos. Abth.) | Willgerodt | Freiburg i. B. |
| 4 | **Edgar Simon** | Zur Constitution des p-Toluchinophtalons | Technische Hochschule München | Eibner | Freiburg i. B. |
| 5 | **Eduard Nottebohm** | Über die Einwirkung von unterbromigsaurem Natron auf primäre Amine | Universitätslaboratorium Freiburg (philos. Abth.) | Meigen | Freiburg i. B. |
| 6 | **Hugo Beck** | Über Jodoso-, Jodo- und Jodiniumverbindungen des o-Methyl-a-Jodchinolins | Universitätslaboratorium Freiburg (philos. Abth.) | Willgerodt | Freiburg i. B. |
| 7 | **Philipp Rupp** | Zur Kenntniss der aromatischen Aldehyde | Universitätslaboratorium Freiburg (philos. Abth.) | Gattermann | Freiburg i. B. |
| 8 | **Theodor Umbach** | Zur Kenntniss der Derivate des m-Jodtoluols mit mehrwertigem Jod | Universitätslaboratorium Freiburg (philos. Abth.) | Willgerodt | Freiburg i. B. |
| 9 | **Friedrich Alberti** | Über a-Jod-p-methyl-chinolin etc. | Universitätslaboratorium Freiburg (philos. Abth.) | Willgerodt | Freiburg i. B. |

## Universität Freiburg i. B. Fortsetzung.

| Laufende No. | Name des Promovierten oder Diplomierten | Titel der Dissertation oder der Diplomarbeit | Bezeichnung des Laboratoriums, in welchem die Arbeit ausgeführt worden ist | Name des Dozenten, welcher die Arbeit geleitet hat | Ort der Promotion | Ort der Diplomerteilung |
|---|---|---|---|---|---|---|
| 10 | **Woldemar Ernst** | Über Monojodoso-, Jodo- und Jodiniumverbindungen des s-Dijodnitrobenzols | Universitätslaboratorium Freiburg (philos. Abth.) | Willgerodt | Freiburg i. B. | |
| 11 | **Reinhold Theile** | Über Abkömmlinge des p-Dibromjodbenzols mit mehrwertigem Jod | Universitätslaboratorium Freiburg (philos. Abth.) | Willgerodt | Freiburg i. B. | |
| 12 | **Wilhelm Arnold** | Beiträge zur Kenntniss des Akridins | Universitätslaboratorium Freiburg (med. u. philos. Abtheilung) | Edinger | Freiburg i. B. | |
| 13 | **Bernhard Kok** | Jodoso-, Jodo- und Jodiniumverbindungen des p-Nitro-2-Jodtoluols | Universitätslaboratorium Freiburg (philos. Abth.) | Willgerodt | Freiburg i. B. | |
| 14 | **Friedrich Schmierer** | Über Jodoso-, Jodo- und Jodiniumverbindungen aus s-Jod-m-Xylol | Universitätslaboratorium Freiburg (philos. Abth.) | Willgerodt | Freiburg i. B. | |
| 15 | **Th. J. Bryan** | Über die Einwirkung von o-u.p-Tolylsenföl auf Phenole | Universitätslaboratorium Freiburg (philos Abth) | Gattermann | Freiburg i. B. | |
| 16 | **Albert Landenberger** | Über Derivate des p-Dichlorjodbenzols mit mehrwerthigem Jod | Universitätslaboratorium Freiburg (philos. Abth) | Willgerodt | Freiburg i. B. | |
| 17 | **Robert Meyer** | Über Derivate des s-Jodpseudocumols mit mehrwertigem Jod | Universitätslaboratorium Freiburg (philos. Abth.) | Willgerodt | Freiburg i. B. | |
| 18 | **Willy Bergdolt** | Zur Kenntniss der Derivate des p-Aethyljodbenzols mit mehrwertigem Jod | Universitätslaboratorium Freiburg (philos. Abth.) | Willgerodt | Freiburg i. B. | |
| 19 | **Richard Rhodius** | Über $\gamma$-Chlor- und $\gamma$-Bromchinolin | Universitätslaboratorium Freiburg (philos. Abth.) | Howitz | Freiburg i. B. | |
| 20 | **Kurt Möckel** | Jodoso-, Jodo- und Jodiniumverbindungen des p-Jodchinolins etc. | Universitätslaboratorium Freiburg (philos. Abth.) | Willgerodt | Freiburg i. B. | |
| 21 | **Anton Burr** | Über Derivate des o-a-Dimethyl-p-Nitrochinolins | Universitätslaboratorium Freiburg (philos. Abth) | Willgerodt | Freiburg i. B. | |
| 22 | **Paul Haas** | Zur Kenntniss einiger Derivate der Acenaphtens | Universitätslaboratorium Genf | Graebe | Freiburg i. B. | |

| | | | | | |
|---|---|---|---|---|---|
| 23 | **Georg Schaumann** | Beiträge zur Jodometrie | Universitätslaboratorium Freiburg (philos. Abth.) | Rupp | Freiburg i. B. |
| 24 | **Engelhardt Glimm** | 1. Über die Constitution-Formaldehyd-schwefligsaurer Salze | Technische Hochschule Darmstadt | Staedel | Freiburg i. B. |
| | | 2. Über die Affinitätsgrösse aromatischer Oxyaldehyde | Universitätslaboratorium Freiburg (philos. Abth.) | Gattermann | |
| 25 | **Karl Wittenstein** | Zur Kenntniss der Derivate des p-Oxydiphenyls | Universitätslaboratorium Freiburg (philos. Abth.) | Gattermann | Freiburg i. B. |
| 26 | **Mathias Böllert** | Über Abkömmlinge des as-m-Dichlorjodbenzols mit mehrwertigem Jod | Universitätslaboratorium Freiburg (philos. Abth.) | Willgerodt | Freiburg i. B. |
| 27 | **Max Liedtke** | Über o-α-Dimethylchinaldin | Universitätslaboratorium Freiburg (philos. Abth.) | Willgerodt | Freiburg i. B. |

## Universität Giessen.

| | | | | | |
|---|---|---|---|---|---|
| 1 | **Wilhelm Müller** aus Mainz | Hydrolyse des Natriumphenolats beim Siedepunkt seiner wässrigen Lösungen | Chemisches Universitätslaboratorium zu Giessen | Alex. Naumann | Giessen |
| 2 | **Johannes Schroeder** aus Guntersblum | Reaktionen von Metallsalzen in Pyridin | Chemisches Universitätslaboratorium zu Giessen | Alex. Naumann | Giessen |
| 3 | **Paul Schulz** aus Reitwein | Verhalten von Salzen in Aceton | Chemisches Universitätslaboratorium zu Giessen | Alex. Naumann | Giessen |
| 4 | **Freiherr Georg v. Behr** a. Weiss-Pomusch in Russl. | Einfluss von Zusätzen auf die Hydrolyse von Natriumphenolatlösungen bei der Siedetemperatur | Chemisches Universitätslaboratorium zu Giessen | Alex. Naumann | Giessen |
| 5 | **Woldemar Hommel** aus Zürich | Über die quantitative Trennung von Wolfram und Molybdän | Laboratorium des Polytechnicums zu Zürich | Prof. Dr. F. P. Treadwell | Giessen |
| 1 | **Arthur Zöhls** | Über die Daniell'schen Ketten $Zn \| Zn SO_4 \| Cu SO_4 \| Cu$ und $Zn \| (NH_4)_2 SO_4 \| Cu (NH_3)_4 SO_4 \| Cu$. | Physik-chemisches Labor. Univ. Giessen | Elbs | Giessen |
| 2 | **Felix Silbermann** | Über die elektrochemische Reduktion aromatischer Nitrokörper in saurer Lösung | Physik.-chemisches Labor. Univ. Giessen | Elbs | Giessen |

## Universität Giessen. Fortsetzung.

| Laufende No. | Name des Promovierten oder Diplomierten | Titel der Dissertation oder der Diplomarbeit | Bezeichnung des Laboratoriums, in welchem die Arbeit ausgeführt worden ist | Name des Dozenten, welcher die Arbeit geleitet hat | Ort der Promotion | Ort der Diplomerteilung |
|---|---|---|---|---|---|---|
| 3 | Christian Wipplinger | Über die elektrochemische Reduktion einiger Chlornitrobenzole | Physik.-chemisches Labor Univ. Giessen | Elbs | Giessen | |
| 4 | Ottokar Urbasch | Beeinflussung der Ionen durch den Magnetismus | Physik.-chemisches Labor. Univ. Giessen | Elbs | Giessen | |
| 5 | Ernst Frei | Über das Verhalten der Manganosalze an der Anode | Physik.-chemisches Labor. Univ. Giessen | Elbs | Giessen | |
| 6 | Max Gaumer | Die Gesetzmässigkeiten bei der elektrolytischen Reduktion aromatischer Mononitrokörper in schwach alkalischer Lösung | Physik.-chemisches Labor. Univ. Giessen | Elbs | Giessen | |
| 7 | Heinrich Gminder | Versuche zur Darstellung nitrirter Thioharnstoffe | Physik.-chemisches Labor. Univ. Giessen | Elbs | Giessen | |
| 8 | Eugen Frisch | Beiträge zur Kenntniss der Kupfersalze organischer Carbonsäuren | Physik.-chemisches Labor. Univ. Giessen | Elbs | Giessen | |
| 9 | Kurt Brand | Über die elektrochemische Reduktion von Ketonen | Physik.-chemisches Labor. Univ. Giessen | Elbs | Giessen | |
| 10 | Heribert Zehrlaut | Maximalstromdichten bei der elektrolytischen Reduktion aromatischer Nitrokörper in saurer und alkalischer Lösung | Physik.-chemisches Labor. Univ. Giessen | Elbs | Giessen | |
| 11 | Wilhelm Mehring | Versuche zur elektrochemischen Oxydation organischer Stoffe | Physik.-chemisches Labor. Univ. Giessen | Elbs | Giessen | |
| 12 | Theodor Wohlfahrt | Über einige Benzidine | Physik.-chemisches Labor. Univ. Giessen | Elbs | Giessen | |
| 13 | Gustav Schumacher | Die elektrochemische Reduktion der Nitroanissäure | Physik.-chemisches Labor. Univ. Giessen | Elbs | Giessen | |

## Universität Göttingen.

| | | | | | |
|---|---|---|---|---|---|
| 1 | Louis Ottemann | Über die Umwandlungsproducte des Methylcyclohexanonoxims | Universitäts-Laboratorium Göttingen | Wallach | Göttingen |
| 2 | N. A. M. Sanders | Über die Producte der Einwirkung von Brom auf Fettketone | Universitäts-Laboratorium Göttingen | Wallach | Göttingen |
| 3 | Theophil Paradies | Über die Einwirkung von Semicarbazid und Thiosemicarbazid auf Chloraceton | Universitäts-Laboratorium Göttingen und Frankfurt a. M. | Wallach u. Freund | Göttingen |
| 4 | Hans Herzog | Über die Oxydationswirkung des molekularen Sauerstoffs | Universitäts-Laboratorium Göttingen | Wallach | Göttingen |
| 5 | Ernst Bolser | Über einige Oxyazoverbindungen mit ungesättigten Seitenketten | Universitäts-Laboratorium Göttingen | Wallach | Göttingen |
| 6 | Alexander Blembel | Über Monobrommethylheptenon und seine Derivate | Universitäts-Laboratorium Göttingen | Wallach | Göttingen |
| 7 | Fritz Collmann | Neue Untersuchungen in der Pulegonreihe | Universitäts-Laboratorium Göttingen | Wallach | Göttingen |
| 8 | Percy P. Phillips | Beiträge zur Kenntniss des D-d-Fenchens und der Fenchocarbonsäure | Universitäts-Laboratorium Göttingen | Wallach | Göttingen |
| 9 | E. Mittelstenscheid | Über eine cyclische Base $C_8 H_{15} N$ aus Methylheptenylamin | Universitäts-Laboratorium Göttingen | Wallach | Göttingen |
| 10 | L. Fresenius | Über Tetrahydrocarvonisoxim, seine Constitution und seine Spaltungsproducte | Universitäts-Laboratorium Göttingen | Wallach | Göttingen |
| 11 | F. Thölke | Über homologe Terpenkohlenwasserstoffe | Universitäts-Laboratorium Göttingen | Wallach | Göttingen |
| 12 | P. Spiess | Beitrag zur Bildung Pentacarbocyclischer Verbindungen | Universitäts-Laboratorium Göttingen | Kötz | Göttingen |
| 1 | Wilhelm König | Zur Kenntniss der Acetylderivate aromatischer Thioharnstoffe | Agricultur-chemisches Laboratorium der Universität Göttingen | Dr. A. Hugershoff Assistent | Göttingen |
| 2 | Peter A. Yoder | Über Dehydroschleimsäure, eine neue Darstellungsmethode, sowie verschiedene Salze und Ester derselben | Agricultur-chemisches Laboratorium der Universität Göttingen | Professor Dr. B. Tollens | Göttingen |

## Universität Göttingen. Fortsetzung.

| Laufende No. | Name des Promovierten oder Diplomierten | Titel der Dissertation oder der Diplomarbeit | Bezeichnung des Laboratoriums, in welchem die Arbeit ausgeführt worden ist | Name des Dozenten, welcher die Arbeit geleitet hat | Ort der Promot nn | Ort der Diplomeıteilung |
|---|---|---|---|---|---|---|
| 1 | **Karl Dannenberg** | Studien über kathodische Polarisation | Institut f. physik. Chemie d. Univ. Göttingen | Nernst u. Coehn | Göttingen | |
| 2 | **Emil Abel** | Gleichgewicht zwischen den verschiedenen Oxydationsstufen desselben Metalls | Institut f. physik. Chemie d. Univ. Göttingen | Nernst | Göttingen | |
| 3 | **Erich Oppermann** | Zur Frage nach der Hydratation gelöster Substanzen | Institut f. physik. Chemie d. Univ. Göttingen | Nernst | Göttingen | |
| 4 | **Alexis Finkelstein** | Über passives Eisen | Institut f. physik. Chemie d. Univ. Göttingen | Nernst | Göttingen | |
| 5 | **Ernst Riesenfeld** | Über elektrolytische Erscheinungen und elektromotorische Kräfte a. d. Grenzfläche zweier Lösungsmittel | Institut f. physik. Chemie d. Univ. Göttingen | Nernst | Göttingen | |
| 9 | **Carl Fredenhagen** | Zur Theorie der Oxydations- und Reduktionsketten | Institut f. physik. Chemie d. Univ. Göttingen | Nernst | Göttingen | |

## Universität Greifswald.

| Laufende No. | Name des Promovierten oder Diplomierten | Titel der Dissertation oder der Diplomarbeit | Bezeichnung des Laboratoriums, in welchem die Arbeit ausgeführt worden ist | Name des Dozenten, welcher die Arbeit geleitet hat | Ort der Promot nn | Ort der Diplomeıteilung |
|---|---|---|---|---|---|---|
| 1 | **Anton Ebers** | Beitrag zur Kenntniss der Disulfone | Chemisches Institut der Universität Greifswald | Posner | Greifswald | |
| 2 | **Friedrich Kern** | Über einige Derivate der p-Toluyl-o-benzoësäure | Chemisches Institut der Universität Greifswald | Limpricht | Greifswald | |
| 3 | **Otto Claudius** | Beitrag zur Kenntniss schwefelhaltiger Derivate der Ketonsäuren | Chemisches Institut der Universität Greifswald | Posner | Greifswald | |
| 4 | **Alex Deinhardt** | Über schwefelhaltige Derivate der Ketonsäuren | Chemisches Institut der Universität Greifswald | Posner | Greifswald | |
| 5 | **Otto Müller** | Untersuchungen über die Abhängigkeit des Pseudophenol-Charakters von der Stellung der Halogenatome in der Seitenkette | Universitäts-Laboratorium Heidelberg und Chem. Institut Greifswald | Auwers | Heidelberg | |

| | | | | | |
|---|---|---|---|---|---|
| 6 | **Gustav Dallwig** | Ein Beitrag zur Kenntniss der Chinole | Universitäts-Laboratorium Heidelberg und Chem. Institut Greifswald | Auwers | Heidelberg |
| 7 | **Konrad Bartelt** | Über Mercaptole und Sulfone der Diketone | Chemisches Institut der Universität Greifswald | Posner | Greifswald |
| 8 | **Gustav Hilgendorff** | Über schwefelhaltige Derivate ungesättigter Ketone | Chemisches Institut der Universität Greifswald | Posner | Greifswald |
| 9 | **Paul Fackelmann** | Beitrag zur Kenntniss der Diketone | Chemisches Institut der Universität Greifswald | Posner | Greifswald |
| 10 | **Emil Gierig** | Kryoskopische Untersuchungen | Chemisches Institut der Universität Greifswald | Auwers<br>Auwers | Greifswald<br>Greifswald |
| 11 | **Heinrich Hoffmann** | Zur Kenntniss des Pinens und der Pinonsäure | Chemisches Institut der Universität Greifswald | Semmler | Greifswald |
| 12 | **Ludwig Huber** | Pseudophenole aus Salicylaldehyd und Salicylsäure | Chemisches Institut der Universität Greifswald | | |

## Universität Halle a. S.

| | | | | | |
|---|---|---|---|---|---|
| 1 | **August Wolff** | Über Derivate der Sorbinsäure | Chemisches Institut der Universität Halle a. S. | Döbner | Halle a. S. |
| 2 | **Felix Meyer** | Einwirkung ammoniakalischer Kupferoxydullösung auf Diazoniumsalze | Chemisches Institut der Universität Halle a. S. | Vorländer | Halle a. S. |
| 3 | **Walter Meusel** | Über Acetylphenylglycin-o-carbonsäure | Chemisches Institut der Universität Halle a. S. | Vorländer | Halle a. S. |
| 4 | **Curt Koettnitz** | Über die Bildung von Indigo aus Anthranilsäure | Chemisches Institut der Universität Halle a. S. | Vorländer | Halle a. S. |
| 5 | **Gustav Glass** | Beiträge zur Kenntniss der Glyoxylsäure | Chemisches Institut der Universität Halle a. S. | Döbner | Halle a. S. |
| 6 | **Erich Mumme** | Über die Einwirkung von Chloressigsäure auf Anthranilsäure | Chemisches Institut der Universität Halle a. S. | Vorländer | Halle a. S. |
| 7 | **August Berge** | Derivate des Diaethylacetessigesters | Chemisches Institut der Universität Halle a. S. | Volhard | Halle a. S. |

## Universität Halle a. S. Fortsetzung.

| Laufende No. | Name des Promovierten oder Diplomierten | Titel der Dissertation oder der Diplomarbeit | Bezeichnung des Laboratoriums, in welchem die Arbeit ausgeführt worden ist | Name des Dozenten, welcher die Arbeit geleitet hat | Ort der Promotion | Ort der Diplomerteilung |
|---|---|---|---|---|---|---|
| 8 | **Fritz Strube** | Über einige Derivate der Hydrochelidonsäure | Chemisches Institut der Universität Halle a. S. | Volhard | Halle a. S. | |
| 9 | **Adolf Weissenborn** | Über Homologe der Sorbinsäure | Chemisches Institut der Universität Halle a. S. | Döbner | Halle a. S. | |
| 10 | **Afred Theophilus de Moulpied** | Über die Condensation von Anilessigestern mit Natriumalkoholat | Chemisches Institut der Universität Halle a. S. | Vorländer | Halle a. S. | |
| 11 | **Edgar Trampedach** | Aromatische Diazoniumsalze und ammoniakalische Kupferoxydullösungen | Chemisches Institut der Universität Halle a. S. | Vorländer | Halle a. S. | |
| 12 | **Max Schrödter** | Nitroverbindungen aromatischer Aminocarbonsäuren | Chemisches Institut der Universität Halle a. S. | Vorländer | Halle a. S. | |
| 13 | **Bruno Drescher** | Acylirung von Indoxyl, Indoxylsäure und Indigweiss | Chemisches Institut der Universität Halle a. S. | Vorländer | Halle a. S. | |
| 14 | **Philipp Schubart** | Synthese isomerer Indigosulfosäuren | Chemisches Institut der Universität Halle a. S. | Vorländer | Halle a. S. | |
| 15 | **Albert Wangerin** | Über die Titrirung des Indigo mit Hydrosulfit und über die Bildung von Indigo aus Phenylglycin-o-carbonsäure | Chemisches Institut der Universität Halle a. S. | Vorländer | Halle a. S. | |

## Technische Hochschule Hannover.

| | | | | | | |
|---|---|---|---|---|---|---|
| 1 | **Salomon Kljatschko** | Über die Einwirkung von Chrom-Chromsäure auf Jodwasserstoff | Laboratorium für anorgan. Chemie der Techn. Hochschule Hannover | Karl Seubert | Hannover | |
| 2 | **Paul Koech** | Über die Umwandlung der Isodialursäure in Dialursäure | Organ.-Chem. Laborator. der techn. Hochschule Hannover | Behrend | Rostock | |

| | | | | | |
|---|---|---|---|---|---|
| 3 | Yngve Buchholz | Zur Kenntniss des β-Aminocrotonsäureesters | Organ.-Chem. Laborator. der techn. Hochschule Hannover | Behrend | Rostock |
| 4 | Hermann Schreiber | Über Halogenderivate des β-Aminocrotonsäureesters | Organ.-Chem. Laborator. der techn. Hochschule Hannover | Behrend | Hannover |
| 5 | Wilhelm Behrens | Zur Kenntniss des Bisnitrosylbenzyls sowie der bei seiner Bildung entstehenden Nebenproducte | Organ.-Chem. Laborator. der techn. Hochschule Hannover | Behrend | Hannover |
| 6 | Richard Grünewald | Die Oxydation des Methyluracils | Organ.-Chem. Laborator. der techn. Hochschule Hannover | Behrend | Hannover |

## Universität Heidelberg.

| | | | | | |
|---|---|---|---|---|---|
| 1 | Walther Hiby | Azoniumverbindungen aus Chloramidodiphenylamin | Universitäts-Laboratorium Genf | Dr. Kehrmann, Genf | Heidelberg |
| 2 | Normann L. Sheldon | Über neue Umwandlungsproducte des Dibromanhydro-p-oxypseudocumylalkohols | Universitäts-Laboratorium | Dr. Auwers | Heidelberg |
| 3 | Abraham Baks
cht | Studien über die Aminolyse | Universitäts-Laboratorium | Dr. H. Goldschmidt | Heidelberg |
| 4 | Franz Eggers | Zur Kenntniss der aromatischen Aldehyde | Universitäts-Laboratorium | Dr. Gattermann | Heidelberg |
| 5 | Ernst Steckhan | Zur Kenntniss der Gattermann'schen Aldehydsynthesen | Universitäts-Laboratorium | Dr. Gattermann | Heidelberg |
| 6 | Hermann Hille | Über das primäre und sekundäre symmetrische Hydrazid der Propionsäure und Valeriansäure | Universitäts-Laboratorium | Dr. Curtius | Heidelberg |
| 7 | Otto Anselmino | Constitution und Umwandlung von Phenolbromiden | Universitäts-Laboratorium | Dr. Auwers | Heidelberg |
| 8 | Alfred Lublin | Über die drei Nitrobenzalhydrazine | Universitäts-Laboratorium | Dr. Curtius | Heidelberg |
| 9 | Curt Schumann | Untersuchungen über Phenole und Pseudophenole | Universitäts-Laboratorium | Dr. Auwers | Heidelberg |

## Universität Heidelberg. Fortsetzung.

| Laufende No. | Name des Promovierten oder Diplomierten | Titel der Dissertation oder der Diplomarbeit | Bezeichnung des Laboratoriums, in welchem die Arbeit ausgeführt worden ist | Name des Dozenten, welcher die Arbeit geleitet hat | Ort der Promotion | Ort der Diplomerteilung |
|---|---|---|---|---|---|---|
| 10 | **Rudolf Wehrmann** | Beiträge zur Kenntniss der aromatischen Aldehyde | Universitäts-Laboratorium | Dr. Gattermann | Heidelberg | |
| 11 | **Gottfried Grandel** | Über die Hydrazide und Azide der Tetramethylen-1,1-dicarbonsäure und der $\omega_2\,\omega'_2$-Pentantetracarbonsäure | Universitäts-Laboratorium | Dr. Curtius | Heidelberg | |
| 12 | **Albert Eckert** | Über die Einwirkung von Aluminiumchlorid und Aether auf o-Anisidin, Toluol, o-Toluidin, o- und p-Kresol | Universitäts-Laboratorium | Dr. Jannasch | Heidelberg | |
| 13 | **James Friedrich Elias** | Über neue quantitative Metall-Trennungen | Universitäts-Laboratorium | Dr. Jannasch | Heidelberg | |
| 14 | **Arnold Rathjen** | Über die Einwirkung von Aether und Aluminiumchlorid auf aromatische Verbindungen | Universitäts-Laboratorium | Dr. Jannasch | Heidelberg | |
| 15 | **Albert Sigel** | Über die Constitution oxydierter Pseudophenole und deren Umwandlungsproducte | Universitäts-Laboratorium | Dr. Auwers | Heidelberg | |
| 16 | **Karl Biedermann** | Über quantitative Metalltrennungen mit Hydrazin in einem Bromstrome und im Schwefligsäurestrom | Universitäts-Laboratorium | Dr. Jannasch | Heidelberg | |
| 17 | **Wilhelm Hagenburger** | Über die Spaltbarkeit Halogenirter Phenylbenzylaether | Universitäts-Laboratorium | Dr. Auwers | Heidelberg | |
| 18 | **Moriz Asriel** | Physikalisch-chemische Studien über Aromatische Sulfinsäuren | Universitäts-Laboratorium | Dr. H. Goldschmidt | Heidelberg | |
| 19 | **Adolf S. van Nierop** | Über das Verhalten aromatischer Aldoxime gegen aromatische und aliphatische Isocyanate | Universitäts-Laboratorium | Dr. H. Goldschmidt | Heidelberg | |
| 20 | **Willy Bartsch** | Synthesen mit Hülfe von Blausäure | Universitäts-Laboratorium | Dr. Gattermann | Heidelberg | |
| 21 | **Richard Brunswig** | Synthesen in der Hydropyrinreihe | Universitäts-Laboratorium | Dr. Knövenagel | Heidelberg | |

| | | | | | |
|---|---|---|---|---|---|
| 22 | **Emanuel Strauss** | Beitrag zur Kenntniss des β-Amidocrotonesters und der Nitrosanime | Universitäts-Laboratorium | Dr. Knövenagel | Heidelberg |
| 23 | **Lazar Oslan** | Dynamische Untersuchungen über die Verseifung des Acetessigesters und seiner Methylsubstitutionsproducte | Universitäts-Laboratorium | Dr. H. Goldschmidt | Heidelberg |
| 24 | **Heinrich Melsbach** | Über die Einwirkung von Alkalien auf aromatische Säurehydrazide | Universitäts-Laboratorium | Dr. Curtius | Heidelberg |
| 25 | **Otto Stephani** | Untersuchungen über Pseudophenole | Universitäts-Laboratorium | Dr. Auwers | Heidelberg |
| 26 | **Gustav Mann** | Kryoskopische Untersuchungen | Universitäts-Laboratorium | Dr. Auwers | Heidelberg |
| 27 | **Woldemar Richter** | Über Phenole und Pseudo-Phenole | Universitäts-Laboratorinm | Dr. Auwers | Heidelberg |
| 28 | **Everhart P. Harding** | Über die Reduction von 2, 4, 5 Trimethylbenzaldazin | Universitäts-Laboratorium | Dr. Curtius | Heidelberg |
| 29 | **Bernhard Flürscheim** | Beiträge zur Kenntniss der Kieselwolframsäuren | Universitäts-Laboratorium Genf | Dr. Kehrmann | Heidelberg |
| 30 | **Harry Burrows** | Über das Heptabromderivat des as. o-Xylenols | Universitätt-Laboratorium | Dr. Auwers | Heidelberg |
| 31 | **Gustav Sprenger** | Über 4-Methylbenzylhydrazin | Universitäts-Laboratorium | Dr. Curtius | Heidelberg |
| 32 | **Emil Fanto** | Zur Kenntniss styrolartiger Verbindungen | Universitäts-Laboratorium | Dr. Klages | Heidelberg |
| 33 | **Heinrich Rechnitz** | Überführung von Aethylmalonsäurehydrazid in Propylaldehyd und die Umwandlung des Propylidenazins in (4) Methyl-(5) Aethylpyrazolin | Universitäts-Laboratorium | Dr. Curtius | Heidelberg |
| 34 | **Robert Hallaway** | Über das Hydrazid und Azid der m-Nitrohippursäure | Universitäts-Laboratorium | Dr. Curtius | Heidelberg |
| 35 | **Fritz Croner** | Einwirkung von Formaldehyd auf Acetylaceton | Universitäts-Laboratorium | Dr. Knövenagel | Heidelberg |
| 36 | **Paul Weingarten** | Über die chemische Zusammensetzug und Constitution des Vesuvian | Universitäts-Laboratorium | Dr. Jannasch | Heidelberg |
| 37 | **Eduard Meyer** | Über Löslichkeitsbeeinflussungen und Gleichgewicht und Reaktionsgeschwindigkeit in heterogenen Systemen | Universitäts-Laboratorium | Dr. H. Goldschmidt | Heidelberg |

## Universität Heidelberg. Fortsetzung.

| Laufende No. | Name des Promovierten oder Diplomierten | Titel der Dissertation oder der Diplomarbeit | Bezeichnung des Laboratoriums, in welchem die Arbeit ausgeführt worden ist | Name des Dozenten, welcher die Arbeit geleitet hat | Ort der Promotion | Ort der Diplomerteilung |
|---|---|---|---|---|---|---|
| 38 | **David Prentice** | I. Einwirkung gewisser saurer Oxyde auf Salze der Oxysäuren<br>II. Beiträge zur Kenntniss der Friedel-Craftschen Reaction | Universitäts-Laboratorium | Dr. Gattermann | Heidelberg | |
| 39 | **Friedrich Rühl** | Quantitative Trennungen mit salzsaurem Hydroxylamin | Universitäts-Laboratorium | Dr. Jannasch | Heidelberg | |
| 40 | **Wilhelm König** | Über die Einwirkung von aromatischen Senfölen auf Phenole und und Naphtole | Universitäts-Laboratorium | Dr. Gattermann | Heidelberg | |
| 41 | **Hans Foerster** | Über Stickstoffabkömmlinge der m-Chlorbenzoësäure | Universitäts-Laboratorium | Dr. Curtius | Heidelberg | |
| 42 | **E. Owen Mott** | Über Benzylmalonhydrazid | Universitäts-Laboratorium | Dr. Curtius | Heidelberg | |
| 43 | **Karl Klenk** | Untersuchungen über Bromderivate des Safrols | Technische Hochschule Stuttgart | Dr. C. Hell | Heidelberg | |
| 44 | **Victor Laske** | Über die Einwirkung von Hydroxylamin und Säurehydraziden auf Carbodiphenylimid, Carboditolymid, Phenylcyanamid und Dicyan | Universitäts-Laboratorium | Dr. Stolle | Heidelberg | |
| 45 | **Hermann Pierstorff** | Zur Kenntniss der Styrole | Univertitäts-Laboratorium | Dr. Klages | Heidelberg | |
| 46 | **Hartwig Franzen** | Über 2, 4, 5 Trimethyldibenzylamin und 2, 4, 5 Trimethyldibenzylhydrazin | Universitäts-Laboratorium | Dr. Curtius | Heidelberg | |
| 47 | **Wilhelm Storp** | Über den Einfluss von Alkylgruppen auf die Abspaltung der Halogene aus dem Benzolkern | Universitäts-Laboratorium | Dr. Klages | Heidelberg | |
| 48 | **Joseph Riffart** | Über Einwirkung von Aethylnitrit auf Amidoacetylaceton | Universitäts-Laboratorium | Dr. Knövenagel | Heidelberg | |
| 49 | **Edmund Speyer** | Zur Kenntniss der Additionsfähigkeit ungesättigter Verbindungen | Universitäts-Laboratorium | Dr. Knövenagel | Heidelberg | |

| | | | | | |
|---|---|---|---|---|---|
| 50 | Joseph Arndts | Beiträge zur Kenntniss des Benzoins | Universitäts-Laboratorium | Dr. Knövenagel | Heidelberg |
| 51 | Karl Pfeil | Über die Aufschliessung der Silikate und anderer schwer zersetzbarer Mineralien mit Borsäureanhydrid | Universitäts-Laboratorium | Dr. Jannasch | Heidelberg |
| 52 | Walther Bosch | Organische Quecksilberverbindungen | Laboratorium der kgl. bayr. Acad. der Wissenschaft | Dr. K. A. Hofmann | Heidelberg |
| 53 | Walter Gruschwitz | Über die Darstellung aethylirter Aniline durch Einwirkung von Aether und Alluminiumchlorid auf Anilin | Universitäts-Laboratorium | Dr. Jannasch | Heidelberg |
| 54 | Gustav Zinsser | Über die Überführuug der Hydrazide der n-Buttersäure und α-Naphtoësäure in heterocyklische Verbindungen | Universitäts-Laboratorium | Dr. Stolle | Heidelberg |
| 55 | Otto Müller | Untersuchungen über die Abhängigkeit des Pseudophenol-Charakters von der Stellung der Halogenatome in der Seitenkette | Universitäts-Laboratorium | Dr. Auwers | Heidelberg |
| 56 | Gustav Küppers | Über die Reduction von m- und o-Oxybenzaldazin in alkalischer Lösung | Universitäts-Laboratorium | Dr. Curtius | Heidelberg |
| 57 | Heinrich Ostersetzer | Dynamische Untersuchungen über die Bildung von Azofarbstoffen aus einigen Naphtylaminsulfosäuren und Diazobenzolsulfosäure | Universitäts-Laboratorium | Dr. Goldschmidt | Heidelberg |
| 58 | Hans Heynemann | Über das Hydrazid der Pyrazol-3, 4, 5 Tricarbonsäure | Universitäts-Laboratorium | Dr. Curtius | Heidelberg |
| 59 | Gustav Broichsitter | Über die Einwirkung von Aether und Aluminiumchlorid auf Pseudocumidin, sowie über einige neue Derivate des 3,5 Diaethylphenol-1 | Universitäts-Laboratorium | Dr. Jannasch | Heidelberg |
| 60 | Oskar Löw-Beer | Studien über die Constitution der Oxyazokörper | Universitäts-Laboratorium | Dr. Goldschmidt | Heidelberg |

## Universität Heidelberg. Fortsetzung.

| Laufende No. | Name des Promovierten oder Diplomierten | Titel der Dissertation oder der Diplomarbeit | Bezeichnung des Laboratoriums, in welchem die Arbeit ausgeführt worden ist | Name des Dozenten, welcher die Arbeit geleitet hat | Ort der Promotion | Ort der Diplomerteilung |
|---|---|---|---|---|---|---|
| 61 | **Adolf Riedel** | Über die Einwirkung von Hydrazinhydrat auf 3, 5-Dinitrobenzoë-Aethylester | Universitäts-Laboratorium | Dr. Curtius | Heidelberg | |
| 62 | **Gustav Dallwig** | Ein Beitrag zur Kenntniss der Chinole | Universitäts-Laboratorium | Dr. Auwers | Heidelberg | |
| 63 | **Karl Müller** | Die Einwirkung von Hydrazinhydrat auf Mandelsäureäthylester | Universitäts-Laboratorium | Dr. Curtius | Heidelberg | |
| 64 | **Wilhelm Kohen** | Quantitative Trennungen mit Wasserstoffsuperoxyd, Persulfat und Hydroxylamin | Universitäts-Laboratorium | Dr. Jannasch | Heidelberg | |
| 65 | **Hans Pringsheim** | Über das Hydrazid der Pentamethylendicarbonsäure | Universitäts-Laboratorium | Dr. Curtius | Heidelberg | |
| 66 | **M. H. Pugin** | Über das Hydrazid der Picolinsäure und das $\alpha$-Amidopyridin | Universitäts-Laboratorium | Dr. Mohr | Heidelberg | |
| 67 | **Wilhelm Heckel** | Über das Verhalten des Benzhydrols und Benzoins bei höheren Temperaturen | Universitäts-Laboratorium | Dr. Knövenagel | Heidelberg | |
| 68 | **Ernst Darmstädter** | Über das Hydrazid der n-Tetramethylendicarbonsäure (Adipinsäure) | Universitäts-Laboratorium | Dr. Curtius | Heidelberg | |
| 69 | **Hermann Pauli** | Über Orthochlorbenzylhydrazin | Universitäts-Laboratorium | Dr. Curtius | Heidelberg | |
| 70 | **Cäsar Wilhelm** | Einwirkung von Hydrazinhydrat auf alkyl-substituierte Malonester | Universitäts-Laboratorium | Dr. Curtius | Heidelberg | |
| 1 | **Wilhelm Wilke** | Über Vakuumdestillation, insbesondere über völlige Reindarstellung der Benzolsulfosäure und einiger anderer Sulfosäuren | Privat-Laboratorium | Dr. Krafft | Heidelberg | |
| 2 | **Fritz Tritschler** | Über Derivate höherer ungesättigter Carbonsäuren | Privat-Laboratorium | Dr. Krafft | Heidelberg | |

| | | | | | |
|---|---|---|---|---|---|
| 3 | **Rudolf Seldis** | Beiträge zur Kenntniss der Undecylensäure | Privat-Laboratorium | Dr. Krafft | Heidelberg |
| 4 | **Otto Steiner** | Beiträge zur Kenntniss der Schwefel-Selen-Tellur-Gruppe | Privat-Laboratorium | Dr. Krafft | Heidelberg |
| 5 | **Richard Neumann** | Beiträge zur Kenntniss der Phosphor-Arsen-Antimon-Gruppe | Privat-Laboratorium | Dr. Krafft | Heidelberg |
| 6 | **Robert Funcke** | Über das Verhalten von Heplylaminseifen gegen Wasser | Privat-Laboratorium | Dr. Krafft | Heidelberg |
| 7 | **Edwin Blanck** | Untersuchungen über die unvollkommene Colloidnatur anorganischer Salze | Privat-Laboratorium | Dr. Krafft | Heidelberg |
| 8 | **Eduard Wagner** | Über Condensation von Dekamethylendiamin mit Aldehyden und Ketonen | Privat-Laboratorium | Dr. Krafft | Heidelberg |
| 9 | **Max Stoecker** | Untersuchungen über Phenylseleninsäure $C_6H_5$-$SeO_2H$ und Phenylselenosäure $C_6H_5$-$SeO_3H$ | Privat-Laboratorium | Dr. Krafft | Heidelberg |
| 10 | **Walther Hoedt** | Beiträge zur Kenntniss der fettaromatischen Ketone | Privat-Laboratorium | Dr. Krafft | Heidelberg |
| 11 | **Karl Beindl** | Untersuchungen über hochmolekulare Amidosäuren | Privat-Laboratorium | Dr. Krafft | Heidelberg |
| 12 | **Theodor Neumayer** | Über die Reindarstellung der Monoglyceride, $C_3H_5(O.C_nH_{2n-1}O)(OH)_2$ | Privat-Laboratorium | Dr. Krafft | Heidelberg |

## Universität Jena.

| | | | | | |
|---|---|---|---|---|---|
| 1 | **Fritz Heyl** | Über Wanderungen von Methylgruppen in Benzol- und Pyridinderivaten | Universitätslaborator. Jena | Wolff | Jena |
| 2 | **Morland Smyth** | Beiträge zur Kenntniss der isomeren Diacetbernsteinsäureester | Universitätslaborator. Jena | Knorr | Jena |
| 3 | **Oscar Meder** | Beiträge zur Kenntniss der Pyrazolgruppe | Universitätslaborator. Jena | Knorr | Jena |

## Universität Jena. Fortsetzung.

| Laufende No. | Name des Promovierten oder Diplomierten | Titel der Dissertation oder der Diplomarbeit | Bezeichnung des Laboratoriums, in welchem die Arbeit ausgeführt worden ist | Name des Dozenten, welcher die Arbeit geleitet hat | Ort der Promotion | Ort der Diplomerteilung |
|---|---|---|---|---|---|---|
| 4 | **Hermann Junker** | Über Abkömmlinge der Tetronsäure | Universitätslaborator. Jena | Wolff | Jena | |
| 5 | **Constantin Jacobi** | Beiträge zur Kenntniss der Pyrroline | Universitätslaborator. Jena | Knorr | Jena | |
| 6 | **Daniel Heynsius** | Über Pyrrolbasen der Camphergruppe | Universitätslaborator. Jena | Duden | Jena | |
| 7 | **Heinrich Lange** | Über synthetische Pyrrolderivate | Universitätslaborator. Jena | Knorr | Jena | |
| 8 | **Friedrich Elze** | Zur Kenntniss der 1.5 Diketone | Universitätslaborator. Jena | Rabe | Jena | |
| 9 | **Paul Rössler** | Über einige Derivate des Aethanolamins | Universitätslaborator. Jena | Knorr | Jena | |
| 10 | **Hermann Bufleb** | Beiträge zur Kenntniss der Pyrroline | Universitätslaborator. Jena | Knorr | Jena | |
| 11 | **Fritz Müller** | Über die Aufspaltung des Antipyrins durch Hydrazine | Universitätslaborator. Jena | Knorr | Jena | |

## Technische Hochschule Karlsruhe.[1])

| Laufende No. | Name des Promovierten oder Diplomierten | Titel der Dissertation oder der Diplomarbeit | Bezeichnung des Laboratoriums, in welchem die Arbeit ausgeführt worden ist | Name des Dozenten, welcher die Arbeit geleitet hat | Ort der Promotion | Ort der Diplomerteilung |
|---|---|---|---|---|---|---|
| 1 | **Adalbert Engler** aus Karlsruhe | Zur Kenntniss der Condensationen von Aldehyden mit Ketonen | Chemisches Laboratorium Karlsruhe | Engler | Karlsruhe | |
| 2 | **Philipp Kačer** aus Gleiwitz | I. Synthetische Verwendung des Knallqnecksilbers, Aldoximirung der benzolhomologen Kohlenwasserstoffe<br>II. Einwirkung von Knallquecksilber auf Phenol | Chemisches Laboratorium Karlsruhe | Scholl | Karlsruhe | |
| 3 | **Philipp Kačer** aus Gleiwitz | Techn. Verfahren zur Darstellung von künstlichem Moschus | Chemisches Laboratorium Karlsruhe | Scholl | | Karlsruhe |
| 4 | **Eduard Lajus** aus Reval | Darstellung der Dimethyl m-Amidobenzoësäure und deren Methylester | Chemisches Laboratorium Karlsruhe | Scholl | | Karlsruhe |
| 5 | **Woldemar v. Moltschanoff** aus Petersburg | Zur Kenntniss des symmetrischen Tetranitoaethans | Chemisches Laboratorium Karlsruhe | Scholl | | Karlsruhe |

| | | | | | | |
|---|---|---|---|---|---|---|
| 6 | **David Margolin** aus Paritschi | Die Darstellung des Indigoblau aus o-Nitroacetophenon (Ber. 28. 309.) | Chemisches Laboratorium Karlsruhe | Engler | | Karlsruhe |
| 7 | **Stanislaus Leskiewicz** aus Petrikau | Über die Bestimmung von Aethylen und Benzol im Leuchtgas | Chemisch-technisches Laboratorium Karlsruhe | Bunte | | Karlsruhe |
| 8 | **Dr. Adolf Kaufmann** aus Wädensweil | Über den kathodischen Angriff des Eisens in Ammonnitratlösung und über ein neues Eisenoxyduloxyd | Chemisch-technisches Laboratorium Karlsruhe | Haber | | Karlsruhe |
| 9 | **Waldemar Pick** aus Siemmering | Über die elektrochemische Bildung von eisensauren Alkalisalzen | Chemisch-technisches Laboratorium Karlsruhe | Haber | | Karlsruhe |
| 10 | **Rudolf Witzek** aus Gotha | Untersuchungen über das Methan aus Aluminiumcarbid | Chemisch-technisches Laboratorium Karlsruhe | Bunte | | Karlsruhe |
| 11 | **August Zschimmer** aus Prenzlau | Über den Einfluss des Schwefels auf die calorimetrische Bestimmung des Heizwerthes der Brennstoffe | Chemisch-technisches Laboratorium Karlsruhe | Bunte | | Karlsruhe |
| 12 | **Dr. Karl Bückel**[2]) aus Cassel | Über die Anlagerung einiger Alcohole an Chinon | Chemisches Laboratorium Heidelberg | Knoevenagel | | Karlsruhe |
| 13 | **Dr. Selmar Daecke**[2]) aus Heidelberg | Über das Tribromderivat des p. Oxybenzylalcohols | Chemisches Laboratorium Heidelberg | Auwers | | Karlsruhe |
| 14 | **Dr. Franz Eggers**[2]) a. Reval | Zur Kenntniss der aromatischen Aldehyde | Chemisches Laboratorium Heidelberg | Gattermann | | Karlsruhe |
| 15 | **Dr. Adalbert Engler** aus Basel | Zur Kenntniss der isomeren Diazohydrate und Diazotate | Chemisches Laboratorium Würzburg | Hantzsch | | Karlsruhe |
| 16 | **Dr. Paul Goldberg**[2]) aus Arnsberg | Über Orthotolyldiketohydrinden und Derivate | Chemisches Laboratorium Berlin | Gabriel | | Karlsruhe |
| 17 | **Dr. Eugen Oberländer** aus Kaiserslautern | I Zur Kenntniss der aromatischen Sulfinsäuren; II Beiträge zur Kenntniss der Friedel-Craft'schen Reaction | Chemisches Laboratorium Heidelberg | Gattermann | | Karlsruhe |
| 18 | **Dr. Alfred Rinckenberger**[2]) aus Bischweiler | Über Nitroform | Chemisches Laboratorium Würzburg | Hantzsch | | Karlsruhe |
| 19 | **August Weiss** aus Freiburg | Untersuchungen in der Pyridinreihe | Chemisches Laboratorium Karlsruhe | Engler | | Karlsruhe |

[1]) Die unter 1 u. 2 genannten Candidaten haben diese Arbeiten als Doctor-Ingenienr-Dissertationen, die unter 3—28 genannten als Diplomarbeiten eingereicht (vergl. auch die Fussnote S. 41).

[2]) Die Arbeiten der mit [2]) bezeichneten Candidaten sind in früheren Heften resp. in diesem unter den entsprechenden Hochschulen als Dissertationen erwähnt worden.

## Technische Hochschule Karlsruhe. Fortsetzung.

| Laufende No. | Name des Promovierten oder Diplomierten | Titel der Dissertation oder der Diplomarbeit | Bezeichnung des Laboratoriums, in welchem die Arbeit ausgeführt worden ist | Name des Dozenten, welcher die Arbeit geleitet hat | Ort der Promotion | Ort der Diplomerteilung |
|---|---|---|---|---|---|---|
| 20 | **Pinkas Bersteyn** aus Briczany | Über die Umwandlung von Kuhbutter in ein Kohlenwasserstoffdruckdestillat. Beitrag zur Frage der Entstehung des Petroleums | Chemisches Laboratorium Karlsruhe | Engler | | Karlsruhe |
| 21 | **Dr. Hermann Pierstorff**[2]) aus St. Petersburg | Zur Kenntniss der Styrole | Chemisches Laboratorium Heidelberg | Klages | | Karlsruhe |
| 22 | **Alfred Krieger** aus Brotzingen | Über Abkömmlinge des 1,5 Diamidoantrachinons | Chemisches Laboratorium Karlsruhe | Scholl | | Karlsruhe |
| 23 | **Dino Popoff** aus Koluptschy | Zur Kenntniss der Nitroverbindungen des Phenyl-Methyl-carbinols | Chemisches Laboratorium Karlsruhe | Engler | | Karlsruhe |
| 24 | **Karl Bunte** aus München | Versuche über die Aufnahme von Luftsauerstoff im Wasser | Chem. Techn. Laboratorium Karlsruhe | Bunte | | Karlsruhe |
| 25 | **Albert Schmidt** a. Barr i. Els. | Beitrag zur Kenntniss des Tetranitrodikaliumaethans | Chemisches Laboratorium Karlsruhe | Scholl | | Karlsruhe |
| 26 | **Wilhelm v. Dieterich** aus Jürgensburg | Versuche zur Darstellung der s. Triamidobenzoltricarbonsäure aus Mellithsäure und aus Mesitylen | Chemisches Laboratorium Karlsruhe | Scholl | | Karlsruhe |
| 27 | **Emil Wohnlich** aus Gondelsheim | Bildung von Petroleum aus tierischem Fett | Chemisches Laboratorium Karlsruhe | Engler | | Karlsruhe |

## Universität Kiel.

| Laufende No. | Name des Promovierten oder Diplomierten | Titel der Dissertation oder der Diplomarbeit | Bezeichnung des Laboratoriums, in welchem die Arbeit ausgeführt worden ist | Name des Dozenten, welcher die Arbeit geleitet hat | Ort der Promotion | Ort der Diplomerteilung |
|---|---|---|---|---|---|---|
| 1 | **Ernst Albrecht** | Zur Kenntniss des $\beta$ Benzylisochinolins und seiner Homologen | Universitätslaboratorium Kiel | Rügheimer | Kiel | |
| 2 | **Paul Thomaschewski** | Beiträge zur Kenntniss der Isoxazole | Universitätslaboratorium Kiel | Claisen | Kiel | |
| 3 | **Friedrich Freist** | Beiträge zur Kenntniss des Thujons, Isothujons und Thujamenthons | Universitätslaboratorium Göttingen | Wallach | Kiel | |

| | | | | | |
|---|---|---|---|---|---|
| 4 | **Friedrich Grevel** | Über Cinnamylacetessigester und einige Abkömmlinge derselben | Universitätslaboratorium Kiel | Claisen | Kiel |
| 5 | **Erwin Fussenegger** | Über Darstellung, Abkömmlinge und Verhalten des Cyanacetons | Universitätslaboratorium Kiel | Claisen | Kiel |
| 6 | **Alfred Behre** | Beiträge zur Kenntniss der O-Acylverbindungen einiger Ketonsäureester, Diketone und verwandter Körper | Universitätslaboratorium Kiel | Claisen | Kiel |
| 7 | **Kurt Vogel v. Falckenstein** | Einwirkung von Aldehyden auf Acetonoxalester | Universitätslaboratorium Kiel | Claisen | Kiel |
| 8 | **Rudolf Weiss** | Über Cinnamylessigester und die beiden (α u. β) Naphtoylessigester nebst einigen Abkömmlingen derselben | Universitätslaboratorium Kiel | Claisen | Kiel |
| 9 | **Otto Kammann** | Über die Einwirkung des Chlors auf den m-Oxybenzaldehyd. | Universitätslaboratorium Kiel | Biltz | Kiel |
| 10 | **Otto Amme** | Oxydation von Substitutionsprodukten des p-Oxybenzaldehyd-Phenylhydrazons zu Osazonen | Universitätslaboratorium Kiel | Biltz | Kiel |
| 11 | **Emil Raben** | Beiträge zur Kenntniss der Acetalisirung bei den Aldehyden und Ketonen | Universitätslaboratorium Kiel | Claisen | Kiel |
| 12 | **Friedrich Weigand** | Beiträge zur Kenntniss des Phenylpropargylaldehyds und des Monobromzimmtaldehyds | Universitätslaboratorinm Kiel | Claisen | Kiel |

## Universität Königsberg i. Pr.

| | | | | | |
|---|---|---|---|---|---|
| 1 | **Nachmon Rachmilewitz** | Über einige Derivate der Benzhydroxamsäure | Universitäts-Laboratorium in Königsberg | W. Lossen | Königsberg |
| 2 | **Joseph Bunimowicz** | Über die Einwirkung von Hydrazin auf Thiamide | Technologisches Labor. d. technischen Hochschule zu Berlin | A. Junghahn | Königsberg |

## Universität Königsberg i. Pr. Fortsetzung.

| Laufende No. | Name des Promovierten oder Diplomierten | Titel der Dissertation oder der Diplomarbeit | Bezeichnung des Laboratoriums, in welchem die Arbeit ausgeführt worden ist | Name des Dozenten, welcher die Arbeit geleitet hat | Ort der Promotion | Ort der Diplomerteilung |
|---|---|---|---|---|---|---|
| 3 | **Simon Berchin** | Über einige Alkyläther des Acetaldoxims | Universitäts-Laboratorium in Königsberg | W. Lossen | Königsberg | |
| 4 | **Walter Ehlert** | Über Hydroxylaminderivate zweibasischer Säuren | Universitäts-Laboratorium in Königsberg | W. Lossen | Königsberg | |
| 5 | **Adolf Treibich** | Über Einwirkung von Brom auf Acetylendicarbonsäure | Universitäts-Laboratorium in Königsberg | W. Lossen | Königsberg | |
| 6 | **Max Metzing** | Studien über die Akonsäure | Chemisches Laboratorium d. Univ. Königsberg | W. Lossen | Königsberg | |
| 7 | **Walther Schörk** | Über Monochloräpfelsäure und Oxyfumarsäure | Chemisches Laboratorium d. Univ. Königsberg | W. Lossen | Königsberg | |
| 8 | **Morduch Leiser Kaplan** | Beiträge zur Kenntniss der aliphatischen Ketoxime | Chemisches Laboratorium d. Univ. Königsberg | W. Lossen | Königsberg | |
| 1 | **Wilhelm Kolvenbach** | Über Abkömmlinge der Diphenylenglykolsäure und Tetraphenylenbernsteinsäure | Pharm. chem. Laboratorium d. Univ. Königsberg | Klinger | Königsberg | |
| 2 | **Gustav Nickell** | Beiträge zur Kenntniss der Benzilsäure und Diphenylenglykolsäure | Pharm. chem. Laboratorium d. Univ. Königsberg | Klinger | Königsberg | |
| 3 | **Hans Wangnick** | Über die Einwirkung rauchender Salpetersäure auf Benzolsulfonpiperidin | Pharm. chem. Laboratorium d. Univ. Königsberg | Klinger | Königsberg | |
| 4 | **Walter Roerdansz** | Beitrag zur Kenntniss durch Sonnenlicht bewirkter chemischer Synthesen | Pharm. chem. Laboratorium d. Univ. Königsberg | Klinger | Königsberg | |

## Universität Leipzig.

| Laufende No. | Name des Promovierten oder Diplomierten | Titel der Dissertation oder der Diplomarbeit | Bezeichnung des Laboratoriums, in welchem die Arbeit ausgeführt worden ist | Name des Dozenten, welcher die Arbeit geleitet hat | Ort der Promotion | Ort der Diplomerteilung |
|---|---|---|---|---|---|---|
| 1 | **George Robertson** aus Glasgow | Über die Verseifungs- und Reductionsproducte des Phenyl-Dibenzoyl-Glutarsäureesters | I. Chemisches Universitäts-Laboratorium Leipzig | Wislicenus | Leipzig | |
| 2 | **Ernst Berthold Auerbach** aus Stuttgart | Über eine neue Synthese des Tetraphenylcyclopentans | I. Chemisches Universitäts-Laboratorium Leipzig | Wislicenus | Leipzig | |

| | | | | | |
|---|---|---|---|---|---|
| 3 | **Emil Otto Hüthig** aus Schkeuditz | Über die Producte der Einwirkung des Natriumbenzylessigesters auf Phtalyldichlorür | I Chemisches Universitäts-Laboratorium Leipzig | Wislicenus | Leipzig |
| 4 | **Wilhelm Beyme** a. Pechau | Über Methyl-Dibenzoylmethan | I. Chemisches Universitäts-Laboratorium Leipzig | Wislicenus | Leipzig |
| 5 | **Arthur Strigel** aus Wien | Die Producte der Condensation des Methyläthylketons mit Bernsteinsäureester | I. Chemisches Universitäts-Laboratorium Leipzig | Stobbe | Leipzig |
| 6 | **Moritz Jahrmarkt** aus Leipzig | Über das Isostilben | I. Chemisches Universitäts-Laboratorium Leipzig | Wislicenus | Leipzig |
| 7 | **Bruno Arthur Keller** aus Leipzig | Eine Synthese des Pentaphenylcyklopentans | I. Chemisches Universitäts-Laboratorium Leipzig | Wislicenus | Leipzig |
| 8 | **Hugo Richard Fischer** aus Innsbruck | Addition des Bernsteinsäureesters an Zimmtsäureester und Condensation von Aldehyden und Ketonen mit Bernsteinsäureester | I. Chemisches Universitäts-Laboratorium Leipzig | Stobbe | Leipzig |
| 9 | **Heinr. Wilh. Ernst Helkenberg** aus Bremen | Beiträge zur Bestimmung der Constitution zweier Isomerer der Krotonsäure | I. Chemisches Universitäts-Laboratorium Leipzig | Wislicenus | Leipzig |
| 10 | **Reinhold Stiegel** a. Leipzig | Beitrag zur Kenntniss der tantomeren Formen des Methylbisacetylacetons | I. Chemisches Universitäts-Laboratorium Leipzig | Wislicenus | Leipzig |
| 11 | **Otto Mohr** aus Annaberg | Über zwei stereoisomere 2,5 Dibromhexane und ihre Condensationsproducte mit Dinatriummalonsäureester und mit Cyankalium | I. Chemisches Universitäts-Laboratorium Leipzig | Wislicenus | Leipzig |
| 12 | **Max Engelmann** a. Krefeld | Beiträge zur Kenntniss der Einwirkung halogensubstituirter Fettsäureester auf die Natriumverbindungen einiger gesättigter und ungesättigter Malonsäureesterderivate | I. Chemisches Universitäts-Laboratorium Leipzig | Hofrath Dr. Guthzeit | Leipzig |
| 13 | **Paul Arno Helmrich** aus Leipzig | Über einige Derivate des β-Aethoxybutyronitrils und über die Verseifungsproducte desselben mit wässriger Kalilauge | I. Chemisches Universitäts-Laboratorium Leipzig | Euler | Leipzig |

## Universität Leipzig. Fortsetzung.

| Laufende No. | Name des Promovierten oder Diplomierten | Titel der Dissertation oder der Diplomarbeit | Bezeichnung des Laboratoriums, in welchem die Arbeit ausgeführt worden ist | Name des Dozenten, welcher die Arbeit geleitet hat | Ort der Promotion | Ort der Diplomerteilung |
|---|---|---|---|---|---|---|
| 14 | **Albert Küllenberg** a. Essen | Über die drei Nitrobenzaldiphenylitakonsäuren etc. | I. Chemisches Universitäts-Laboratorium Leipzig | Stobbe | Leipzig | |
| 15 | **Carl August Niedenzu** aus Köppernitz | Über die Condensationsproducte des Aethyl-Phenylketons und der beiden Benzoldesoxybenzoine mit Bernsteinsäureester | I. Chemisches Universitäts-Laboratorium Leipzig | Stobbe | Leipzig | |
| 16 | **Kurt Rülke** aus Annaberg | Über Verkettungsprodukte des Hydrazobenzols mit Aldehyden | I. Chemisches Universitäts-Laboratorium Leipzig | Rassow | Leipzig | |
| 17 | **Charles Crowther** aus Gildersome | Beiträge zur Kenntniss der isomeren Dibenzoylmethane | I. Chemisches Universitäts-Laboratorium Leipzig | Wislicenus | Leipzig | |
| 18 | **James C. Irvine** a. Glasgow | Einige Derivate des o-Methoxybenaldehyds | I. Chemisches Universitäts-Laboratorium Leipzig | Wislicenus | Leipzig | |
| 19 | **Franz Paul Weber** aus Leipzig | Über eine Synthese des Triphenylcyklopentans | I. Chemisches Universitäts-Laboratorium Leipzig | Wislicenus | Leipzig | |
| 20 | **Balduin Georg Arndt** aus Leipzig | Über die Einwirkung von Aethylenbromid auf Natriumbenzoylessigester | I. Chemisches Universitäts-Laboratorium Leipzig | Wislicenus | Leipzig | |
| 21 | **Otto Benöhr** aus Hamburg | Eine neue Darstellung der $\gamma$-Benzoylbuttersäure und ihre Reduktionsproducte | I. Chemisches Universitäts-Laboratorium Leipzig | Wislicenus | Leipzig | |
| 22 | **Friedr. Martin Fritzsche** aus Benndorf | Über die Synthese zweier Tetraphenylcyklopentane | I. Chemisches Universitäts-Laboratorium Leipzig | Wislicenus | Leipzig | |
| 23 | **Willy Hinniger** aus Köckenitzsch | Über einige Spaltungen des $\alpha$-$\gamma$-Dibenzoyl-$\beta$ Phenyl-Glutarsäureesters etc. | I. Chemisches Universitäts-Laboratorium Leipzig | Wislicenus | Leipzig | |
| 24 | **Kurt Siegfried** a. Zofingen | Beiträge zur Kenntniss des Benzoylacetons und des $\alpha\alpha'$ Diphenylpyrons | I. Chemisches Universitäts-Laboratorium Leipzig | Wislicenus | Leipzig | |

| | | | | | |
|---|---|---|---|---|---|
| 25 | **Karl Gust. Wilh. Herrmann** aus Jerichow | Über die geometrische Isomerie der Dimethyläthylene und ihrer Chlorproducte | I. Chemisches Universitäts-Laboratorium Leipzig | Wislicenus | Leipzig |
| 26 | **Otto Baumann** aus Cottbus | Über Verkettungsproducte des Hydrazobenzols mit aliphatischen Aldehyden | I. Chemisches Universitäts-Laboratorium Leipzig | Rassow | Leipzig |
| 1 | **Karl Drucker** | Über zwei Fälle von Katalyse im inhomogenen Systeme | Physikalisch-chem Institut Leipzig | Ostwald | Leipzig |
| 2 | **Gerhard Just** | Löslichkeit von Gasen in organischen Lösungsmitteln | Physikalisch-chem. Institut Leipzig | Luther | Leipzig |
| 3 | **Carl Ernst** | Über die Katalyse des Knallgases durch kolloïdales Platin | Physikalisch-chem. Institut Leipzig | Ostwald | Leipzig |
| 4 | **Karl Winkelblech** | Über amphotere Elektrolyte und ihre Salze | Physikalisch-chem. Institut Leipzig | Bredig | Leipzig |
| 5 | **Felix Westhauser** | Über Natriumamalgam | Physikalisch-chem. Institut Leipzig | Ostwald | Leipzig |
| 6 | **Oskar Gros** | Über die Lichtempfindlichkeit des Fluoresceïns, seiner substituirten Derivate, sowie der Leukobasen derselben | Physikalisch-chem. Institut Leipzig | Luther | Leipzig |
| 7 | **Johannes Brode** | Katalyse bei der Reaction zwischen Wasserstoffperoxyd und Jodwasserstoff | Physikalisch-chem. Institut Leipzig | Bredig | Leipzig |
| 8 | **Jacob Friedländer** | Über merkwürdige Erscheinungen in der Umgebung des kritischen Punktes theilweise mischbarer Flüssigkeiten | Physikalisch-chem. Institut Leipzig | Ostwald | Leipzig |
| 9 | **William Otto Whatmough** | Über eine neue Methode zur Bestimmung der Oberflächenspannung von Flüssigkeiten | Physikalisch-chem. Institut Leipzig | Ostwald | Leipzig |
| 10 | **Harry Thornton Calvert** | Über die Alkalisalze des Hydroperoxyds in wässeriger Lösung | Physikalisch-chem. Institut Leipzig | Bredig | Leipzig |
| 11 | **Eberhard Brauer** | Über das elektrische Verhalten des Chroms bei der Auflösung in Säuren | Physikalisch-chem. Institut Leipzig | Ostwald | Leipzig |

## Universität Leipzig. Fortsetzung.

| Laufende No. | Name des Promovierten oder Diplomierten | Titel der Dissertation oder der Diplomarbeit | Bezeichnung des Laboratoriums, in welchem die Arbeit ausgeführt worden ist | Name des Dozenten, welcher die Arbeit geleitet hat | Ort der Promotion | Ort der Diplomerteilung |
|---|---|---|---|---|---|---|
| 12 | Adolf Eckstädt | Die Reaction zwischen Salpetersäure und Jodwasserstoff | Physikalisch-chem. Institut Leipzig | Wagner | Leipzig | |
| 13 | Johannes Mühlenbein | Über die innere Reibung von Nichtelektrolyten | Physikalisch-chem. Institut Leipzig | Wagner | Leipzig | |
| 14 | Alwin Mittasch | Über die chemische Dynamik des Nickeltetrakarbonyls | Physikalisch-chem. Institut Leipzig | Bodenstein | Leipzig | |
| 15 | Willy Federlin | Reaktion zwischen Persulfat, Jodwasserstoff und phosphoriger Säure; Modell einer Übertragungskatalyse | Physikalisch-chem. Institut Leipzig | Luther | Leipzig | |
| 16 | Fritz Hayer | Untersuchung über das hypothetische Silbersubchlorid | Physikalisch-chem. Institut Leipzig | Luther | Leipzig | |
| 1 | Horst Wagner | Überführung von Alkylaldoximen in Diphenylamine | Labor. f. angew. Chemie der Universität Leipzig | E. Beckmann | Leipzig | |
| 2 | Albert Müller | Studien über sogenanntes Honigdextrin | Labor. f. angew. Chemie der Universität Leipzig | E. Beckmann | Leipzig | |
| 3 | Oscar Wendler | Verhalten von substituirten aromatischen Aldehyden gegenüber N-Alkylhyroxylaminen | Labor. f. angew. Chemie der Universität Leipzig | E. Beckmann | Leipzig | |
| 4 | Heinr. Herrmann | Studien in der Mentholreihe | Labor. f. angew. Chemie der Universität Leipzig | E. Beckmann | Leipzig | |
| 5 | Georg Borries | Beitrag zur Kenntniss des Trocknens von Oelen | Labor. f. angew. Chemie der Universität Leipzig | E. Beckmann | Leipzig | |
| 6 | Otto Kämpfe | Gefärbte Flammen und ihre spektroskopische Beobachtung | Labor. f. angew. Chemie der Universität Leipzig | E. Beckmann | Leipzig | |
| 7 | Friedrich Preu | Beiträge zur Kenntniss der Bornylamine | Labor. f. angew. Chemie der Universität Leipzig | E. Beckmann | Leipzig | |
| 1 | Paul Mühle | Versuche zur Reindarstellung des Amphopeptons | Chemisches Laboratorium d. physiologischen Inst. | M. Siegfried | Leipzig | |

## Universität Marburg.

| | | | | | |
|---|---|---|---|---|---|
| 1 | E. Ellenberger | Untersuchungen über Derivate des p-Xylols und des p-Xylidins | Chemisches Institut | Zincke | Marburg |
| 2 | P. Siedler | Über die Einwirkung von Brom auf p-Dioxyditolylmethan | Chemisches Institut | Zincke | Marburg |
| 3 | E. Meimberg | Über die Einwirkung von Brom und Chlor auf Dioxydiphenyltrichloraethan und Dioxydiphenyltribromaethan | Chemisches Institut | Zincke | Marburg |
| 4 | E. Klappert | Über Ketochloride und Ketobromide aus p- und m-Oxydiphenylamin | Chemisches Institut | Zincke | Marburg |
| 5 | H. Mechlenburg | Untersuchungen über Diamidostilben und Dioxystilben | Chemisches Institut | Zincke | Marburg |
| 6 | S. Fuchs | Über die Einwirkung von Chlor auf p-Amido und p-Oxy-Zimmtsäure | Chemisches Institut | Zincke | Marburg |
| 7 | W. Walter | Über Bromderivate des p-Benzylphenols | Chemisches Institut | Zincke | Marburg |
| 8 | G. Heuser | Über die Einwirkung von Pyridin auf Di- und Trinitrochlorbenzol und auf Dinitrochlorbenzoësäure | Chemisches Institut | Zincke | Marburg |
| 9 | M. Claus | Über die Einwirkung von Brom auf Dioxyphenyltolylmethan und Dioxyditolylmethan | Chemisches Institut | Zincke | Marburg |
| 10 | R. Weldert | Über Ketochloride und Chinone des Indazols | Chemisches Institut | Zincke | Marburg |
| 11 | F. Schönebeck | Beiträge zur Kenntniss polymorpher Körper | Chemisches Institut | Schaum<br>Schenck | Marburg<br>Marburg |
| 12 | O. Hahn | Über Bromderivate des Isoeugenols | Chemisches Institut | Zincke | Marburg |
| 13 | M. Grüters | Über die Einwirkung von Brom auf Di-p-Oxyphenyldimethylmethan | Chemisches Institut | Zincke | Marburg |
| 14 | G. Dahmer | Über die Einwirkung von salpetriger Säure auf gebromte Phenole | Chemisches Institut | Zincke | Marburg |

## Universität Marburg. Fortsetzung.

| Laufende No. | Name des Promovierten oder Diplomierten | Titel der Dissertation oder der Diplomarbeit | Bezeichnung des Laboratoriums, in welchem die Arbeit ausgeführt worden ist | Name des Dozenten, welcher die Arbeit geleitet hat | Ort der Promotion | Ort der Diplomerteilung |
|---|---|---|---|---|---|---|
| 15 | F. Fresenius | Über die Einwirkung von Ammoniak und Phenylhydrazin auf 2-Chlor-3-5-Dinitrobenzoësäure | Chemisches Institut | Zincke | Marburg | |
| 16 | H. Reitz | Über Bromderivate des p-Tertiärbutylphenols | Chemisches Institut | Zincke | Marburg | |
| 17 | F. Goessel | Beiträge zur Kenntniss der Chlorderivate des m-Kresols | Chemisches Institut | Zincke | Marburg | |
| 18 | H. Purfürst | Über Umwandlungsproducte des $\alpha$-Nitro-$\beta$-Naphtylamins | Chemisches Institut | Zincke | Marburg | |
| 19 | A. Maué | Untersuchungen über m-Xylidinsulfosäure | Chemisches Institut | Zincke | Marburg | |
| 20 | R. Richter | Über die Einwirkung von Chlor und Brom auf p-Amidoacetophenon | Chemisches Institut | Zincke | Marburg | |
| 21 | A. Kuchenbecker | Über die Einwirkung von Chlorkalk auf Diazo- u. Isodiazoverbindungen | Chemisches Institut | Zincke | Marburg | |
| 1 | Hans Wagner | Ein Beitrag zur Kenntniss der Corydalisalkaloide | Pharm. chem. Institut | J. Gadamer | Marburg | |
| 2 | Alfred Adlung | Beiträge zur Kenntniss sauerstoffhaltiger Bestandtheile aetherischer Oele mit besonderer Berücksichtigung ihres Verhaltens gegen Nitrosylchlorid | Pharm. chem. Institut | E. Schmidt | Marburg | |
| 3 | Karl Feist | Über Condensationsproducte des $\alpha$-Picolins mit Aldehyden | Pharm. chem. Institut | E. Schmidt | Marburg | |

## Universität München.

| | | | | | | |
|---|---|---|---|---|---|---|
| 1 | Nathan Sulzberger | Das $\alpha$-ungesättigte Lacton der Benzoylpropionsäure | Laboratorium des Staates | Thiele | München | |
| 2 | Fritz Iglauer | Versuche in der Tropingruppe | Laboratorium des Staates | Willstätter | München | |

| | | | | | |
|---|---|---|---|---|---|
| 3 | Fritz Günther | Über Derivate des Dicyanhydrochinons | Laboratorium des Staates | Thiele | München |
| 4 | Gustav Doern | Über Bromide der Cinnamylidenmalonsäure | Laboratorium des Staates | Thiele | München |
| 5 | Wilhelm Heidepriem | Über die acetodiphosphorige Säure | Laboratorium des Staates | Hofmann | München |
| 6 | Heinrich Wieland | Versuche zur Darstellung phenylirter Allene. Neue Reactionen von Ketonen der Diphenylpropanreihe und des Desoxybenzoins | Laboratorium des Staates | Thiele | München |
| 7 | Gerhard Krüger | Über die Einwirkung alkoholischer Kalilauge auf die Ester halogensubstituirter ungesättigter Säuren | Laboratorium des Staates | Thiele | München |
| 8 | Eduard Garben | Über die Einwirkungsprodukte des Acetondicarbonsäureesters auf Anilin und m-Phenylendiamin | Laboratorium des Staates | Besthorn | München |
| 9 | Siegfried Haeckel | Über Abkömmlinge des Phenylnitroäthylens. Über eine Nitrirung von Phenylisokrotonester | Laboratorium des Staates | Thiele | München |
| 10 | Otto Hauser | Beiträge zur Chemie des Wismuths; über eine neue Trennung von Chlor und Jod | Laboratorium des Staates | Vanino | München |
| 11 | Rudolf Hütz | Versuche einer Darstellung von Abkömmlingen des Dimethylenchinons | Laboratorium des Staates | Thiele | München |
| 12 | Wilhelm Prandtl | Über einige neue Bestandtheile des Euxenits | Laboratorium des Staates | Hofmann | München |
| 13 | Fritz Straus | Die ungesättigten Lactone der Hydrocornicularsäure und Desylessigsäure | Laboratorium des Staates | Thiele | München |
| 14 | Karl Jäger | Abkömmlinge des Oxyhydrochinons | Laboratorium des Staates | Thiele | München |
| 15 | Eduard Ruppert | Orthoform und Orthoform neu | Laboratorium des Staates | Einhorn | München |
| 16 | Wilhelm Knell | Über Diphenylhexatriën-$\gamma$-carbonsäure | Laboratorium des Staates | Thiele | München |
| 17 | Karl v. Fischer | Derivate des Phenheptamethylens | Laboratorium des Staates | Dieckmann | München |

## Universität München. Fortsetzung.

| Laufende No. | Name des Promovierten oder Diplomierten | Titel der Dissertation oder der Diplomarbeit | Bezeichnung des Laboratoriums, in welchem die Arbeit ausgeführt worden ist | Name des Dozenten, welcher die Arbeit geleitet hat | Ort der Promotion | Ort der Diplomerteilung |
|---|---|---|---|---|---|---|
| 18 | **Oscar Günther** | 1-Phenylnaphtalin und Derivate desselben | Laboratorium des Staates | Thiele | München | |
| 19 | **Karl Mettler** | Die Einwirkung von Phosgen und Pyridin auf Oxalsäure und Säureamide | Laboratorium des Staates | Einhorn | München | |
| 20 | **Adolf Bode** | Partielle Synthese von r-Cocain | Laboratorium des Staates | Willstätter | München | |
| 21 | **Adolf Bühner** | Condensationsproducte des Indens | Laboratorium des Staates | Thiele | München | |
| 22 | **Walther Albrecht** | Cyclopentadiënchinone und Condensationsversuche mit Diphenylmethan und Dihydronaphtalin | Laboratorium des Staates | Thiele | München | |
| 23 | **Stephan Jahn** | Zur Kenntniss des Camphers, Menthols und Borneols | Laboratorium des Staates | Einhorn | München | |
| 24 | **Rudolf Lessing** | 1. 4-N-Methylpyrrlidindicarbonsäure und über eine Bildung von Phenylcyklohexan aus Chinit | Laboratorium des Staates | Willstätter | München | |
| 25 | **Franz Henle** | Reactionen der Methylengruppe im Fluoren und über die Reduction mit Aluminiumamalgam | Laboratorium des Staases | Thiele | München | |
| 26 | **Alexander Jenny** | Isomerien bei Kobalttetramminen | Laboratorium des Staates | Hofmann | München | |
| 1 | **Heinrich Willeke** | Studien über die quantitative Bestimmung der Hexosen | Laboratorium für angewandte Chemie | Hilger | München | |
| 2 | **Paul Lehmann** | Über die Einwirkung von Alkalien und Natriumäthylat auf Arsenpentasulfid | Laboratorium für angewandte Chemie | Weinland | München | |
| 3 | **Georg Kappeler** | Anlagerung von Fluorwasserstoff an Derivate der Schwefelsäure | Laboratorium für angewandte Chemie | Weinland | München | |
| 4 | **Hugo Prause** | Verbindungen der Tellursäuren mit Jodaten, Phosphaten und Arsenaten | Laboratorium f. angewandte Chemie | Weinland | München | |

| | | | | | |
|---|---|---|---|---|---|
| 5 | **Friedrich Wiedmann** | Über Bestandtheile der Blüthen von Papaver Rhoeas | Laboratorium für angewandte Chemie | Hilger | München |
| 6 | **Friedrich Schlegelmilch** | I. Doppelsalze des Jodtrichlorids mit Chloriden zweiwerthiger Metalle. II. Doppelsalze des Antimonpentachlorids | Laboratorium für angewandte Chemie | Weinland | München |
| 7 | **Wilhelm Scheuer** | I. Trennung und Bestimmung flüchtiger Fettsäuren. II. Analyse von Graukalk. III. Die verdünnte Essigsäure des Handels | Laboratorium für angewandte Chemie | Hilger | München |

## Technische Hochschule München.

| | | | | | |
|---|---|---|---|---|---|
| 1 | **Richard Böhm** | Die Zerlegbarkeit des Praseodyms und Darstellung neuer seltener Erden mit Hilfe einer neuen Trennungsmethode | Anorganisches Laborat. d. techn. Hochsch. München | Muthmann | München |
| 2 | **Robert Marc** | Die Kathodoluminescenz-Spektra der seltenen Erden und Untersuchungen über die Erden der Yttergruppe | Laboratorium der techn. Hochschule | Muthmann | München |
| 3 | **Herman Holm** | Beiträge zur Kenntniss des Cerits | Laboratorium der techn. Hochschule | Muthmann | München |
| 4 | **Theod. Postius** | Untersuchungen über Yttrium und Erbium | Anorg. chem. Laboratorium der techn. Hochschule München | Muthmann | München |
| 5 | **Ludw. Weiss** | Über die Darstellung der Metalle der Cergruppe durch Schmelzelektrolyse | Anorg. chem. Laboratorium der techn. Hochschule München | Muthmann | München |
| 6 | **Jos. Reitinger** | Untersuchung von Monaziten, Xenotimen, sowie von Zircon- und Titanmineralien aus brasilianischen Sanden | Anorg. chem. Laboratorium der techn. Hochschule München | Muthmann | München |
| 1 | **Edgar Simon** | Zur Constitution des p-Toluchinophtalons | Techn. Hochschule München | Eibner | Freiburg i. B. |

## Technische Hochschule München. Fortsetzung.

| Laufende No. | Name des Promovierten oder Diplomierten | Titel der Dissertation oder der Diplomarbeit | Bezeichnung des Laboratoriums, in welchem die Arbeit ausgeführt worden ist | Name des Dozenten, welcher die Arbeit geleitet hat | Ort der Promotion | Ort der Diplomerteilung |
|---|---|---|---|---|---|---|
| 2 | Gottfried Hauser | Über die Elektrolyse der Monobenzylmalonsäure sowie des benzylessigsauren Kaliums mit fettsauren Salzen | Techn. Hochschule München | Hofer | München | |
| 3 | Georg Purucker | Über dimolekulare Anilverbindungen des i-Valeraldehyds und einen Übergang derselben in Derivate der Aethylenbasen von A. W. Hofmann | Techn. Hochschule München | Eibner | München | |
| 4 | Robert Wimmer | Über α-o Anisidopropionsäure und Derivate derselben | Techn. Hochschule München | W. v. Miller und Lipp | München | |

## Kgl. Akademie Münster i. W.

| | | | | | | |
|---|---|---|---|---|---|---|
| 1 | Heinrich Sprinkmeyer | Das o-Isopropyltoluol | Chem. Institut der Königl. Akademie | Salkowski | Münster i. W. | |

## Universität Rostock [1].

| | | | | | | |
|---|---|---|---|---|---|---|
| 1 | Arthur Flemming | Über die Phosphinsäuren des Dibenzylmethans und des Oxymethylencamphers | Universitäts-Laboratorium Rostock | Prof. Michaelis | Rostock | |
| 2 | Wilhelm Gräfenhan | Über die Aufspaltung des Naphtofuranringes | Universitäts-Laboratorium Rostock | Prof. Stoermer | Rostock | |
| 3 | Heinrich Behn | Beiträge zur Kenntniss der 1 Phenyl-3-methyl 5-halogenpyrazole | Universitäts-Laboratorium Rostock | Prof. Michaelis | Rostock | |
| 4 | Karl Paul Grälert | Über das 1- und 2-Chlorcumaron und die Aufspaltung des Furanringes im Cumaronmolecül | Universitäts-Laboratorium Rostock | Prof. Stoermer | Rostock | |

| | | | | | |
|---|---|---|---|---|---|
| 5 | Karl Laudon | Über $\mu$-$\alpha$-Di-Phenyl $\beta$-Aethyl Imidazole, deren Homologe und einige ketosubstituirte Benzamidine | Universitäts-Laboratorium Rostock | Dr. Kunckell | Rostock |
| 6 | Friedrich Müller | Über die Einwirkung von Phosphorsulfochlorid auf primäre aliphatische Amine | Universitäts-Laboratorium Rostock | Prof. Michaelis | Rostock |
| 7 | Ulrich Hermes | Synthese zweier isomerer Dimethylcumarone | Universitäts-Laboratorium Rostock | Prof. Stoermer | Rostock |
| 8 | Fritz Kissel | Über die Einwirkung von $\alpha$-Brompropionacetal auf einige Phenole u. die Synthese einiger homologen $\alpha$-methylirter Cumarone | Universitäts-Laboratorium Rostock | Prof. Stoermer | Rostock |
| 9 | Ulrich Voss | Über Phenyl-Methylhalogenpyrazole | Universitäts-Laboratorium Rostock | Prof. Michaelis | Rostock |
| 10 | Theodor Sudendorf | Über 1-Tolyl 3-methyl 5-chlorpyrazol u. die Antipyrin-Bz-carbonsäure | Universitäts-Laboratorium Rostock | Prof. Michaelis | Rostock |
| 11 | Aloys Terheggen | Über einige Derivate des p- und m-Amidochinolins | Universitäts-Laboratorium Rostock | Prof. Michaelis | Rostock |
| 12 | Otto Brandt | Über Hydrazide der o-Sulfobenzoësäure | Universitäts-Laboratorium Rostock | Prof. Michaelis | Rostock |
| 13 | Richard Witte | Über $\mu$-$\alpha$-Di-Phenyl $\mu$-$\beta$-Methyl Imidazole und Homologe | Universitäts-Laboratorium Rostock | Dr. Kunckell | Rostock |
| 14 | Carl Brahm | Über Oxychinoline und deren Verhalten im thierischen Organismus | Universitäts-Laboratorium Rostock | Prof. Michaelis<br>Prof. Thierfelder Berlin | Rostock |
| 15 | Ernst Ratzlaff | Über die Einwirkung primärer und secundärer Amine auf Phosphoroxychlorid und Aethylphosphoroxychlorid | Universitäts-Laboratorium Rostock | Prof. Michaelis | Rostock |
| 16 | Hans Reimann | Über weitere Resultate der Einwirkung von $\beta$-Phenyl- u. $\beta$-Tolylhydroxylamin auf Thionylamine | Universitäts-Laboratorium Rostock | Prof. Michaelis | Rostock |

[1]) Die Arbeiten 1—15 sind im W.-S. 1900/01, 16—29 im S.-S. 1901 und 30—44 im W.-S. 1901/02 beendet werden.

## Universität Rostock. Fortsetzung.

| Laufende No. | Name des Promovierten oder Diplomierten | Titel der Dissertation oder der Diplomarbeit | Bezeichnung des Laboratoriums, in welchem die Arbeit ausgeführt worden ist | Name des Dozenten, welcher die Arbeit geleitet hat | Ort der Promotion | Ort der Diplomerteilung |
|---|---|---|---|---|---|---|
| 17 | **Georg Calov** | Über einige neue 1-Cumaron-Derivate | Universitäts-Laboratorium Rostock | Prof. Stoermer | Rostock | |
| 18 | **Georg Matz** | Einwirkung von aromatischen Amidohalogenketonen auf Benzamidin | Universitäts-Laboratorium Rostock | Dr. Kunckell | Rostock | |
| 19 | **Heinrich Hossbach** | Über einige $\mu$-p-Tolyl-$\alpha$ Phenyl-Imidazole | Universitäts-Laboratorium Rostock | Dr. Kunckell | Rostock | |
| 20 | **Max Greiss** | Über einige Methyl- und Phenylalkyl-5-halogen Pyrazole | Universitäts-Laboratorium Rostock | Prof. Michaelis | Rostock | |
| 21 | **Kurt Ludwig** | Über Nitro- und Amidoderivate des Triphenyl- und des Tritolylarsins | Universitäts-Laboratorium Rostock | Prof. Michaelis | Rostock | |
| 22 | **Arthur Marcuse** | Zur Stereochemie der Piperidinreihe | Organ. Laboratorium der technischen Hochschule zu Berlin | Dr. Wolffenstein | Rostock | |
| 23 | **Josef Wagner** | Über Abkömmlinge der m-Kresotinsäure | Universitäts-Laboratorium Bonn | Prof. Anschütz | Rostock | |
| 24 | **Sigurd Mitscherlich** | Über das 1-Phenyl-3-hydroxyl-5-Pyrazolon | Universitäts-Laboratorium Rostock | Prof. Michaelis | Rostock | |
| 25 | **Richard Köster** | Beiträge zur Kenntniss der Gallenfarbstoffe | Hygienisches Institut Rostock | Prof. Pfeiffer | Rostock | |
| 26 | **Sigismund Kobylinski** | Zur Kenntniss der o-Amidobenzaldehyde | Universitäts-Laboratorium Rostock | Dr. Weiler | Rostock | |
| 27 | **Wilhelm Herwig** | Über aromatische Amidoketone und einige gechlorte Ketohydrochinoline | Universitäts-Laboratorium Rostock | Dr. Kunckell | Rostock | |
| 28 | **Wilhelm Bramkamp** | Über Naphtyl-Methyl halogenpyrazole | Universitäts-Laboratorium Rostock | Prof. Michaelis | Rostock | |
| 29 | **Max Heinze** | Zur Kenntniss der Amidoazokörper und neue Synthesen von Leukauraminen | Organ. Laboratorium der technischen Hochschule zu Dresden | Prof. Möhlau | Rostock | |

| | | | | | |
|---|---|---|---|---|---|
| 30 | **Henry Peyau** | Zur Kenntniss des α-Methylphenylhydrazins sowie einiger Azoniumverbindungen | Chem. Institut Rostock | Prof. Michaelis | Rostock |
| 31 | **Wilhelm Rassmann** | Einwirkung von Phosphoroxychlorid auf 3-Phenylpyrazolon, sowie die Darstellung von Isoantipyrin und Isothiopyrin | Chem. Institut Rostock | Prof. Michaelis | Rostock |
| 32 | **Hans Bindewald** | Über das Thiopyrin und seine Derivate | Chem. Institut Rostock | Prof. Michaelis | Rostock |
| 33 | **Adolf Rotter** | Über das Dipseudocumylphenylarsin, das Di-m-xylylphenylarsin und ihre Derivate | Chem. Institut Rostock | Prof. Michaelis | Rostock |
| 34 | **Paul Atenstädt** | Über die Einwirkung von Phenoxyacetylchlorid auf Benzolhomologe u. Phenoläther u. eine neue Synthese des Cumaranons | Chem. Institut Rostock | Prof. Stoermer | Rostock |
| 35 | **Theodor Klünder** | Uber einige Derivate des Diacetalamins | Chem. Institut Rostock | Prof. Stoermer | Rostock |
| 36 | **Hubert Albrecht** | Über einige Derivate des Monobromphenylchlorphosphins, die bei dessen Darstellung entstehenden Nebenproducte und deren Derivate | Chem. Institut Rostock | Prof. Michaelis | Rostock |
| 37 | **Georg Eppenstein** | Über Alkylarsenbenzoësäuren und einige Derivate | Chem. Institut Rostock | Prof. Michaelis | Rostock |
| 38 | **Rudolf Bauer** | Über die Einwirkung von ω-Dihalogenketonen und einigen aromat. Aldehyden auf Benzamidin. | Chem. Institut Rostock | Dr. Kunckell | Rostock |
| 39 | **Willy Köning** | Über die Einwirkung von Selencyankalium auf organische Dichlorselenverbindungen | Chem. Institut Rostock | Dr. Kunckell | Rostock |
| 40 | **Erich Gunkel** | Über einige Imidoderivate des Antipyrins | Chem. Institut Rostock | Prof. Michaelis | Rostock |
| 41 | **Konrad Behn** | Synthesen aromatischer Alkohole aus substituirten Phenolen mittelst Formaldehyd | Chem. Institut Rostock | Prof. Stoermer | Rostock |

## Universität Rostock. Fortsetzung.

| Laufende No. | Name des Promovierten oder Diplomierten | Titel der Dissertation oder der Diplomarbeit | Bezeichnung des Laboratoriums, in welchem die Arbeit ausgeführt worden ist | Name des Dozenten, welcher die Arbeit geleitet hat | Ort der Promotion | Ort der Diplomerteilung |
|---|---|---|---|---|---|---|
| 42 | Alfred Hildebrandt | Über Di- und Triacetylmesitylen, deren Homologe und Derivate | Chem. Institut Rostock | Dr. Kunckell | Rostock | |
| 43 | Hans Mehner | Über die Kuppelung der Toluidine mit Diazoverbindungen, ein Beitrag zur Kenntniss der Diazoamidoverbindungen | Chem. Laboratorium der technischen Hochschule Dresden | Prof. Dr. v. Meyer | Rostock | |
| 44 | Willy Hansen | Über das Vorkommen gemischter Fettsäureglyceride im thierischen Fett | Hygienisches Institut der Universität Rostock | Prof. Dr. Pfeiffer | Rostock | |

## Universität Tübingen.

| Laufende No. | Name des Promovierten oder Diplomierten | Titel der Dissertation oder der Diplomarbeit | Bezeichnung des Laboratoriums, in welchem die Arbeit ausgeführt worden ist | Name des Dozenten, welcher die Arbeit geleitet hat | Ort der Promotion | Ort der Diplomerteilung |
|---|---|---|---|---|---|---|
| 1 | Armand de Lue | Zur Kenntniss der Hydroxyl- und Ammoniakverbindungen der Metalle | Laboratorium der Akad. der Wissenschaften München | K. Hofmann | Tübingen | |
| 2 | Emil Burkard | Studien über die Additionsfähigkeit des Diazomethans an Körper mit Aethylenbindung | Chemisches Universitäts-Laboratorium Tübingen | H. v. Pechmann | Tübingen | |
| 3 | Erdmann Gräger | Über Umbelliferon-$\beta$-carbonsäure | Chemisches Universitäts-Laboratorium Tübingen | H. v. Pechmann | Tübingen | |
| 4 | Wilhelm Höpfner | Beiträge zur Kenntniss der Combinationsprodukte des Acetondicarbonsäureesters mit Isodiazoverbindungen | Chemisches Universitäts-Laboratorium Tübingen | K. Bülow | Tübingen | |
| 5 | Hermann Wagner | Synthese von Derivaten des Benzo-4-pyranols | Chemisches Universitäts-Laboratorium Tübingen | K. Bülow | Tübingen | |
| 6 | Wilhelm Bauer | Über das benachbarte Dihydrotetrazin | Chemisches Universitäts-Laboratorium Tübingen | H. v. Pechmann | Tübingen | |

| | | | | | |
|---|---|---|---|---|---|
| 7 | **Walther von Sicherer** | Über Abkömmlinge des 1.4-Benzopyranols | Chemisches Universitäts-Laboratorium Tübingen | K. Bülow | Tübingen |
| 8 | **Richard Metzger** | Über Einwirkung von Quecksilberoxydsalzen auf aromatische Verbindungen | Chemisches Universitäts-Laboratorium Tübingen | O. Dimroth | Tübingen |
| 9 | **Erhard von Krafft-Dellmensingen** | Ueber einige neue Cumarine aus β-Ketosäureestern. — Über Isodicrotonsäure | Chemisches Universitäts-Laboratorium Tübingen | H. v. Pechmann | Tübingen |
| 10 | **Nevil. V. Sidgwick, B. A.** | Über Acetondipropionsäure und ihre Derivate | Chemisches Universitäts-Laboratorium Tübingen | H. v. Pechmann | Tübingen |
| 11 | **William H. Mills, M. A.** | Studien über Halogencumalinsäuren | Chemisches Universitäts-Laboratorium Tübingen | H. v. Pechmann | Tübingen |
| 12 | **Otto Böhm** | Über Polymerisationsproducte der Acrylsäure | Chemisches Universitäts-Laboratorium Tübingen | H. v. Pechmann | Tübingen |
| 13 | **Ekkehard Hailer** | Einwirkung von Diazoverbindungen auf Acyl-1.3-Ketonsäureester | Chemisches Universitäts-Laboratorium Tübingen | C. Bülow | Tübingen |
| 14 | **Hermann Ilzhöfer** | Über die Einwirkung von Quecksilberoxydulsalzen auf aromatische Verbindungen | Chemisches Universitäts-Laboratorium Tübingen | O. Dimroth | Tübingen |
| 15 | **Friedrich Dempwolff** | Über die Constitution des Bz-Oxylepidons | Chemisches Universitäts-Laboratorium Tübingen | H. v. Pechmann | Tübingen |
| 16 | **Johannes Grotowsky** | Über das Phenylacetylacetophenon u. üb. Abkömmlinge d. Benzopyranols. | Chemisches Universitäts-Laboratorium Tübingen | C. Bülow | Tübingen |
| 17 | **Johannes Häussermann** | Über die Produkte der Chlorwasserstoffentziehung aus Säurechloriden mittels tertiärer Basen | Chemisches Universitäts-Laboratorium Tübingen | E. Wedekind | Tübingen |
| 18 | **Fritz Schlottenbeck** | Ein Beitrag zur Kenntniss gemischter Azoverbindungen | Chemisches Universitäts-Laboratorium Tübingen | C. Bülow | Tübingen |
| 19 | **Georg List** | Über die relative Basicitätsdifferenz der beiden Amidogruppen substituierter Diamine | Chemisches Universitäts-Laboratorium Tübingen | C. Bülow | Tübingen |

# Universität Würzburg.

| Laufende No. | Name des Promovierten oder Diplomierten | Titel der Dissertation oder der Diplomarbeit | Bezeichnung des Laboratoriums, in welchem die Arbeit ausgeführt worden ist | Name des Dozenten, welcher die Arbeit geleitet hat | Ort der Promotion | Ort der Diplomerteilung |
|---|---|---|---|---|---|---|
| 1 | **Alfred Dilthey** | Über Diazobenzidin - Verbindungen. Zur Salzbildung des Nitrosodimethylanilins | Chemisches Institut der Universität Würzburg | Hantzsch | Würzburg | |
| 2 | **Willy Stöber** | Über basische Metallverbindungen der $\beta$-Ketonsäureäther | Chemisches Institut der Universität Würzburg | W. Wislicenus | Würzburg | |
| 3 | **Max Stern** | Uber elektrolytische Reduction von Succinimiden | Chemisches Institut der Universität Würzburg | J. Tafel | Würzburg | |
| 4 | **Alfred Rinkenberger** | Über Nitroform | Chemisches Institut der Universität Würzburg | Hantzsch | Würzburg | |
| 5 | **Friedrich Hofmann** | Uber Cyanursäure und Cyamelid | Chemisches Institut der Universität Würzburg | Hantzsch | Würzburg | |
| 6 | **Arthur Weinschenk** | Uber elektrolytische Reduction einiger Oxypurine u. Oxypyrimidine | Chemisches Institut der Universität Würzburg | J. Tafel | Würzburg | |
| 7 | **Percy C. C. Isherwood** | Uber die Salze der Violursäuregruppe | Chemisches Institut der Universität Würzburg | Hantzsch | Würzburg | |
| 8 | **Menotti Abeatici** | Uber die Constitution tautomerer Verbindungen mit der Gruppe CONH | Chemisches Institut der Universität Würzburg | Hantzsch | Würzburg | |
| 9 | **Max Goldschmidt** | Über Umlagerung der Imidoäther beim Erhitzen | Chemisches Institut der Universität Würzburg | W. Wislicenus | Würzburg | |
| 10 | **Friedrich Koltscharsch** | Beiträge zur Kenntniss des Formylphenylessigäthers | Chemisches Institut der Universität Würzburg | W. Wislicenus | Würzburg | |
| 11 | **Eduard Moufang** | Methode zur Molekulargewichtsbestimmung in concentrirter Schwefelsäure | Chemisches Institut der Universität Würzburg | Hantzsch | Würzburg | |
| 12 | **Emil Voegelen** | Zur Kenntniss der sogen. Isoamide und der echten Säureamide. Charakteristik von Pseudosäuren durch Leitfähigkeit in wässrigem Alkohol | Chemisches Institut der Universität Würzburg | Hantzsch | Würzburg | |

| | | | | | |
|---|---|---|---|---|---|
| 13 | **Alfred Holl** | Über das sogenannte Sulfimid | Chemisches Institut der Universität Würzburg | Hantzsch | Würzburg |
| 14 | **Adolf Barth** | Characteristik v. Pseudosäuren durch abnorme Beziehungen zwischen Affinitätsconstanten und Hydrolyse ihrer Salze<br>Farbe und Constitution von Oximidoketonen | Chemisches Institut der Universität Würzburg | Hantzsch | Würzburg |
| 15 | **Arthur Horn** | Zur Kenntniss der Ammoniumsalze und ihrer Umlagerungen | Chemisches Institut der Universität Würzburg | Hantzsch | Würzburg |
| 16 | **Emil Jochem** | Zur Darstellung chlorirter Fettsäuren aus Aminosäuren<br>Einwirkung von Alkoholen auf Diazoniumsalze | Physiologisches Institut der Universität Strassburg u. Chemisches Institut der Universität Würzburg | Hofmeister<br>Hantzsch | Würzburg |
| 17 | **August Vagt** | Über das sogen. Diazoguanidin<br>Über den Zustand gelöster Stoffe auf Grund von Vertheilungsversuchen | Chemisches Institut der Universität Würzburg | Hantzsch | Würzburg |
| 18 | **Fritz E. Dollfus** | Characteristik v. Pseudosäuren durch ihr Verhalten gegen Ammoniak | Chemisches Institut der Universität Würzburg | Hantzsch | Würzburg |
| 19 | **Martin Lehmann** | Über Bisazoxykörper; über Isodiazomethanderivate. Über Nitrosaminsaure Salze | Chemisches Institut der Universität Würzburg | Hantzsch | Würzburg |
| 1 | **Karl Mann** aus Assenheim | Über quantit. Bestimmung ätherischer Öle in Gewürzen | Technologisches Institut | Medicus | Würzburg |
| 2 | **Artur Jacchia** aus Triest | Über trisubstituirte Derivate des Naphtalins | Technologisches Institut | Medicus | Würzburg |
| 3 | **Carl Adolf Wellenstein** aus Prüm | Über die Veränderungen des Bienenwachses durch die chemische Bleiche | Technologisches Institut | Medicus | Würzburg |
| 4 | **Christoph Mebold** aus Lauf | Bestimmung von Metallspuren in Nahrungs- und Genussmitteln durch Electrolyse | Technologisches Institut | Medicus | Würzburg |
| 5 | **Hermann Kober** aus Feuchtwangen | Über Unkrautsamen im Mehl | Technologisches Institut | Medicus | Würzburg |

G.

# Anhang.

# Register der Ergänzungszeugnisse

zu den Zeugnissen

## des Verbandes der Vorstände chem. Laboratorien an deutschen Hochschulen

**für Winter-Semester 1900/01, Sommer-Semester 1901 und Winter-Semester 1901/02.**

### Landw. technol. Institut der Kgl. Universität Breslau.

| Nummer des Zeugnisses | Vorname | Zuname | Geburtsort | Datum der Ausfertigung | Examinatoren | Prüfungs-Gegenstand |
|---|---|---|---|---|---|---|
| W.-S. 01/02 | | | | | | |
| 1319 | Reinhold | Knick | Breslau | 25. Oct. 1901 | F. B. Ahrens | Chem. Technologie |
| 1346 | Felix | Schoff | Breslau | 15. Febr. 1902 | F. B. Ahrens | Chem. Technologie |
| 1350 | Kurt | Bartsch | Breslau | 15. Febr. 1902 | F. B. Ahrens | Chem. Technologie |
| **Universitätslaboratorium Freiburg i. B. (philos. Abteil.).** | | | | | | |
| * | Karl | Stolle | Zwickau i. B. | 21. Okt. 1901 | Gattermann | Farbenchemie |
| **Physik.-Chem. Laboratorium der Universität Giessen.** | | | | | | |
| W.-S. 00/01 | | | | | | |
| 1754 | Herbert | Zehrlaut | Mainz | 3. Mai 1901 | Elbs | Elektrochemie |
| 877 | Gustav | Schumacher | Crefeld | 8. Mai 1901 | Elbs | Elektrochemie |
| S.-S. 01 | | | | | | |
| 1765 | Kurt | Becker | Wiesbaden | 22. Mai 1901 | Elbs | Elektrochemie |
| W.-S. 01/02 | | | | | | |
| 519 | Kurt | Brand | Lützen | 10. Jan. 1902 | Elbs | Elektrochemie |
| 2752 | Rudolf | Strobach | Zeidler (Böhmen) | 2. März 1902 | Elbs | Elektrochemie |

## Institut für physikalische Chemie in Göttingen.

| Nummer des Zeugnisses | Vorname | Zuname | Geburtsort | Datum der Ausfertigung | Examinatoren | Prüfungs-Gegenstand |
|---|---|---|---|---|---|---|
| W.-S. 00/01 | | | | | | |
| 803 | Regnar | Insulander | Philippstad | 14. Dez. 1900 | Nernst | Physik.-chem. Methoden |
| 804 | Samuel | Wikmark | Gothenburg | 11. Jan. 1901 | Nernst | Physik.-chem. Methoden |
| 801 | Charles | Thatcher | Easton | 14. Febr. 1901 | Nernst | Physik.-chem. Methoden |
| 1969 | Ernst | Amelung | Karlshafen | 22. Febr. 1901 | Nernst | Physik.-chem. Methoden |
| S.-S. 01 | | | | | | |
| 399 | Ferdinand | Glaser | Coburg | 15. Juli 1901 | Nernst u. Coehn | Physik.-chem. Methoden |
| 2012 | Wilhelm | Kettembeil | Leipzig | 31. Juli 1901 | Nernst u. Coehn | Physik.-chem. Methoden |
| 1909 | Richard | Lucas | Jacksonville (U. S. A.) | 31. Juli 1901 | Nernst u. Coehn | Physik.-chem. Methoden |
| 1977 | Adolf | Bullerdieck | Schlede-hausen | 31. Juli 1901 | Nernst u. Coehn | Physik.-chem. Methoden |

## Chemisches Institut der Universität Greifswald.

| | | | | | | |
|---|---|---|---|---|---|---|
| S.-S. 01 | | | | | | |
| 1 | Walter | Sorkau | Danzig | 23. Juli 1901 | Prof. Cohen | Mineralogie |
| | Walter | Sorkau | Danzig | 24. Juli 1901 | Prof. König | Physik |

## Universitäts-Laboratorium in Heidelberg.

| | | | | | | |
|---|---|---|---|---|---|---|
| W.-S. 01/02 | | | | | | |
| 1366 | Fritz | Schröter | Breslau | 18. Nov. 1901 | Knoevenagel | Chem. Technologie |
| 1155 | Leo | Guttmann | Wien | 14. Febr, 1902 | Bredig | Physik. Chemie |
| 1909 | Felix | Fraenckel | Neapel | 14. Febr. 1902 | Bredig | Physik. Chemie |

## Physikalisch-Chemisches Institut der Universität Leipzig.

| | | | | | | |
|---|---|---|---|---|---|---|
| W.-S. 00/01 | | | | | | |
| 2001 | Paul | Düllberg | Essen a. d. R. | 3. Nov. 1900 | W. Ostwald | Physikalische Chemie |

## Physikalisch-chemisches Institut der Universität Leipzig.

Fortsetzung.

| Nummer des Zeugnisses | Vorname | Zuname | Geburtsort | Datum der Ausfertigung | Examinatoren | Prüfungs-Gegenstand |
|---|---|---|---|---|---|---|
| W.-S. 00\|01 | | | | | | |
| 880 | Jon | Scobai | Motça | 11. Nov. 1900 | W. Ostwald | Physikalische Chemie |
| 2003 | William | Smeaton | Picton (Can.) | 12. Dez. 1900 | W. Ostwald | Physikalische Chemie |
| 2021 | Milor S. | Sherrill | Louisville (U. S. A.) | 1. Febr. 1901 | W. Ostwald | Physikalische Chemie |
| 2024 | Arthur A. | Blanchard | Boston (U. S. A) | 15. Febr. 1901 | W. Ostwald | Physikalische Chemie |
| S.-S. 01 | | | | | | |
| 2 | Christian | Füchtbauer | Nürnberg | 10. Mai 1901 | W. Ostwald | Physikalische Chemie |
| 2030 | Ludwig | Horwitz | Warschau | 15. Mai 1901 | W. Ostwald | Physikalische Chemie |
| 2920 | Friedrich | Cottrell | Oakland (U. S. A.) | 2. Juni 1901 | W. Ostwald | Physikalische Chemie |
| W.-S. 01\|02 | | | | | | |
| 1551 | Kurt | Borkel | Chemnitz | 30. Okt. 1901 | W. Ostwald | Physikalische Chemie |
| 2002 | Alexander | Titoff | Rostow | 1. Nov. 1901 | W. Ostwald | Physikalische Chemie |
| 2019 | Herbert | Freundlich | Charlottenburg | 21. Nov. 1901 | W. Ostwald | Physikalische Chemie |
| 2014 | Gustav | Geffcken | Lübeck | 21. Nov. 1901 | W. Ostwald | Physikalische Chemie |
| 1396 | Max | Trautz | Karlsruhe | 17. Dez. 1901 | W. Ostwald | Physikalische Chemie |
| 2937 | George | Senter | Kildrummy (Schottland) | 28. Febr. 1902 | W. Ostwald | Physikalische Chemie |
| 2938 | Arthur | Slater | Burton o. Tr. | 28. Febr. 1902 | W. Ostwald | Physikalische Chemie |

## I. Chemisches Universitäts-Laboratorium Leipzig.

| | | | | | | |
|---|---|---|---|---|---|---|
| S.-S. 01 | | | | | | |
| 119 | Friedr. Otto Walther | Weihmann | Halle a. Saale | 29. Juli 1901 | A. Weddige | Technische Chemie |
| W.-S. 01\|02 | | | | | | |
| 1863 | Victor | v. Vigier | Solothurn | 16. Dez. 1901 | A. Weddige | Technische Chemie |
| 1549 | Karl Friedrich | Kautzsch | Leipzig-Gohlis | 20. Dez. 1901 | A. Weddige | Technische Chemie |
| 1551 | Kurt Hermann | Borkel | Chemnitz | 7. Jan. 1902 | A. Weddige | Technische Chemie |
| 3308 | Gustav Adolf | Berthold | Chemnitz | 21. März 1902 | B. Rassow | Technische Chemie |

## Chem. Laboratorium des physiologischen Institutes in Leipzig.

| Nummer des Zeugnisses | Vorname | Zuname | Geburtsort | Datum der Ausfertigung | Examinatoren | Prüfungs-Gegenstand |
|---|---|---|---|---|---|---|
| W.-S. 00/01 | | | | | | |
| 850 | Fritz | Müller | Saalfeld | 5. Dez. 1900 | M. Siegfried | Physiolog. Chemie |
| S.-S. 01 | | | | | | |
| 1551 | Kurt Hermann | Borkel | Chemnitz | 16. April 1901 | M. Siegfried | Physiolog. Chemie |
| 845 | Max | Smollny | Rodoschau (Oberschles.) | 8. Aug. 1901 | M. Siegfried | Physiolog. Chemie |

## Chemisches Institut in Marburg.

| | | | | | | |
|---|---|---|---|---|---|---|
| W.-S. 00/01 | | | | | | |
| 576 | Victor | Belloch | Leipzig | 16. Nov. 1900 | Schaum | Photochemie |
| 588 | Hans | Purfürst | Leipzig | 8. Dez. 1900 | M. Bauer | Mineralogie u. Krystallographie |
| 1069 | Hans | Fischer | Berlin | 28. Febr. 1901 | Schenck | Electrochemie |
| S.-S. 01 | | | | | | |
| 1076 | Philipp | Malkomesius | Wiesbaden | 13. Juni 1902 | Schenck | Electrochemie |
| 1078 | Carl | Böttcher | Bochum | 24. Juli 1901 | Schaum | Physikal. Chemie |
| W.-S. 01/02 | | | | | | |
| 1075 | Siegmar | Münch | Irtha | 19. Nov. 1901 | Schaum | Physikal. Chemie |
| 1081 | Ernst | Buck | Posen | 19. Nov. 1901 | Schaum | Physikal. Chemie |
| 1076 | Philipp | Malkomesius | Wiesbaden | 17. Dez. 1902 | Bauer | Mineralogie u. Krystallographie |
| 1867 | Wilhelm | Geibel | Berlin | 17. Dez. 1901 | Bauer | Mineralogie u. Krystallographie |
| 1081 | Ernst | Buck | Posen | 13. Jan. 1902 | Schenck | Electrochemie |
| 2310 | Gottfried | Mühlhausen | Speckswinkel | 14. Jan. 1902 | Zincke Schenck | Technische Chemie |

## Mineralogisches Institut der Universität München.

| | | | | | | |
|---|---|---|---|---|---|---|
| W.-S. 00/01 | | | | | | |
| 1699 | Herrmann | Steinmetz | Regensburg | 15. März 1901 | P. Groth | Mineralogie, phys. u. chem. Krystallogr. |
| 26 | Franz | Heule | München | 20. März 1901 | P. Groth | Phys. u. chem. Krystallogr. |
| 881 | Heinrich | Wieland | Pforzheim | 20. März 1901 | P. Groth | Mineralogie, phys. u. chem. Krystallogr. |

## Mineralogisches Institut der Universität München. Fortsetzung.

| Nummer des Zeugnisses | Vorname | Zuname | Geburtsort | Datum der Ausfertigung | Examinatoren | Prüfungs-Gegenstand |
|---|---|---|---|---|---|---|
| W.-S. 01\|02 | | | | | | |
| 592 | Rudolf | Lessing | Bamberg | 25. März 1901 | P. Groth | Mineralogie, phys. u. chem. Krystallogr. |
| 1677 | Friedrich | Ettlinger | Karlsruhe | 19. April 1902 | P. Groth | Phys. u. chem. Krystallogr. |
| 599 | Hans | Geison | Frankfurt a. M. | 19. April 1901 | P. Groth | Mineralogie |
| S.-S. 01 | | | | | | |
| 1698 | Wilhelm | Vogel | Uhlfeld | 26. Juli 1901 | P. Groth | Mineralogie, Krystallogr. |
| 1680 | Anselm | Kahn | Augsburg | 26. Juli 1901 | P. Groth | Mineralogie |
| 1706 | Fritz | Zerban | Oppenheim a. Rh. | 26. Juli 1901 | P. Groth | Mineralogie |
| 1705 | Walter | Hess | Alexandrien | 26. Juli 1901 | P. Groth | Mineralogie |
| 1691 | Valentin | Wölfl | München | 26. Juli 1902 | P. Groth | Mineralogie |
| 1671 | Adolf | Bühner | Mühlhausen i. Thür. | 26. Juli 1901 | P. Groth | Mineralogie |
| W.-S. 01\|02 | | | | | | |
| 1 | Wilhelm | Knell | Heimersheim | 15. Nov. 1901 | P. Groth | Mineralogie, Krystallogr. |
| 1706 | Fritz | Zerban | Oppenheim a. Rh. | 7. März 1902 | P. Groth | Phys. u. chem. Krystallogr. |
| 1680 | Anselm | Kahn | Augsburg | 8. März 1902 | P. Groth | Phys. u. chem. Krystallogr. |
| 599 | Hans | Geison | Frankfurt a. M. | 8. März 1902 | P. Groth | Phys. u. chem. Krystallogr. |
| 1681 | Heinrich | Rossi | Hamm i. W. | 8. März 1902 | P. Groth | Phys. u. chem. Krystallogr. |
| 1718 | Otto | Heine | Celle | 8. März 1902 | P. Groth | Phys. u. chem. Krystallogr. |
| 1691 | Valentin | Wölfl | München | 8. März 1902 | P. Groth | Phys. u. chem. Krystallogr. |

## Universität Rostock.

| | | | | | | |
|---|---|---|---|---|---|---|
| W.-S. 00\|01 | | | | | | |
| 885 | Max | Greiss | Stuttgart | 2. März 1901 | Geinitz | Mineralogie |
| 1013 | Hubert | Albrecht | Köln a. Rh. | 2. März 1901 | Geinitz | Mineralogie |
| 1042 | Adolf | Hoelken | Mannheim | 25. März 1901 | Matthiessen | Physik |

## Chemisches Laboratorium Tübingen.

| | | | | | | |
|---|---|---|---|---|---|---|
| S.-S. 01 | | | | | | |
| 2334 | Georg | List | Ferdinandshof | 20. Mai 1901 | Bülow | Chemische Technologie der künstl. Farbstoffe |

### Berichtigungen zum dritten Heft.

Herr Fritz Müller (S. 30) hat die Zeugnisnummer **850**, **nicht** 50.
» Fritz Thölke (S. 21) » » » **1954**, » **1854**.
» Max Prandl (S. 33) » » » **489**, » **487**.
Herrn Carl Jäger (S. 33) ist von A. Hilger kein Zeugnis ausgestellt worden.

Druck von Oskar Leiner in Leipzig. 54700

Leipzig
Druck von Oskar Leiner.
55291

FSC
www.fsc.org
MIX
Papier | Fördert
gute Waldnutzung
FSC® C083411

Kolibri 360 GmbH
Ferdinand-Jühlke-Straße 7
99095 Erfurt, Deutschland
produktsicherheit@kolibri360.de